工信精品**云计算技术**
系列教材

U0589525

微课版

Cloud Computing Technology

OpenStack
云计算平台实践

苏翔宇 魏亮 ◉主编

周洪利 张世龙 ◉副主编

人民邮电出版社

北京

图书在版编目（CIP）数据

OpenStack 云计算平台实践：微课版 / 苏翔宇，魏亮主编. -- 北京：人民邮电出版社，2025. --（工信精品云计算技术系列教材）. -- ISBN 978-7-115-66335-1

Ⅰ．TP393.027

中国国家版本馆 CIP 数据核字第 202503YP64 号

内 容 提 要

本书全面介绍 OpenStack 云计算平台的相关内容，全书共 9 个模块，包括 OpenStack 概述、OpenStack 认证服务（Keystone）、OpenStack 镜像服务（Glance）、OpenStack 计算服务（Nova）、OpenStack 网络服务（Neutron）、OpenStack 块存储服务（Cinder）、OpenStack 对象存储服务（Swift）、OpenStack 安全服务、企业云服务部署。前 8 个模块末尾均有精心设计的实验项目，旨在通过动手实操引导读者加深相关知识理解并提升实操技能；第 9 个模块则通过一个综合性实战项目，帮助读者全面掌握 OpenStack 云计算平台的相关知识与操作。

本书适合作为高职高专云计算技术应用及其他相关专业的教材，也适合作为各级职业技能大赛云计算相关赛项的指导书，还适合作为广大云计算爱好者的自学参考书。

◆ 主　　编　苏翔宇　魏　亮

　　副 主 编　周洪利　张世龙

　　责任编辑　王淑月

　　责任印制　王　郁　焦志炜

◆ 人民邮电出版社出版发行　　　　北京市丰台区成寿寺路 11 号

　　邮编　100164　电子邮件　315@ptpress.com.cn

　　网址　https://www.ptpress.com.cn

　　北京市艺辉印刷有限公司印刷

◆ 开本：787×1092　1/16

　　印张：13.75　　　　　　　　　　2025 年 1 月第 1 版

　　字数：380 千字　　　　　　　　2025 年 1 月北京第 1 次印刷

定价：59.80 元

读者服务热线：(010)81055256　印装质量热线：(010)81055316

反盗版热线：(010)81055315

前　言

数字化时代，云计算已成为企业和组织进行业务扩展及创新的关键技术之一。OpenStack 作为一个强大的开源云计算平台，因其灵活、可扩展和高可用的特点，受到了广泛的关注。

本书旨在帮助读者深入了解 OpenStack 云计算平台的基本原理和组件架构，掌握构建和管理企业级云数据中心的关键技能。本书共 9 个模块，涵盖 OpenStack 云计算平台的核心组件和服务，每个模块以生动的情景引入，将理论知识讲解与实际应用相结合，帮助读者更好地理解和掌握相关技术。此外，前 8 个模块在讲解理论知识之后，均设有针对性的实验项目，这些项目紧贴模块内容，读者可以通过动手操作，将所学知识转化为实践能力；第 9 个模块基于前 8 个模块所学知识，设计接近真实应用场景的综合实战项目，读者可以运用所学内容，完成从规划、部署到管理的综合项目任务。通过学习本书内容，读者将学会如何有效部署和管理计算、网络和存储等资源，以满足不同业务需求，提升实操能力。

本书内容简洁明了，通俗易懂，采用图文结合的方式，有利于读者对知识点的理解。本书主要特点如下。

（1）理论教学与实际项目开发紧密结合。为了使读者能快速掌握理论知识并按实际项目开发要求熟练运用相关知识，本书根据实际项目设计了 8 个针对性实验和一个综合实战，便于读者进行独立学习与训练。

（2）内容组织合理、有效。本书按照由浅入深的顺序，对相关技术与知识进行介绍，实现讲解与训练合二为一，有助于"教、学、做一体化"教学的开展。

（3）内容充实、实用。本书实验紧紧围绕实际项目进行，通过模拟真实应用场景，使读者能够应用所学理论知识解决实际问题。每个实验项目都经过精心设计，确保读者能够全面理解并掌握 OpenStack 云计算平台的核心技术与操作技巧。

编者长期从事云计算领域的研究与教学工作，对本书的编写投入了巨大精力，力求全面、准确地

呈现 OpenStack 云计算平台的相关知识和技术。尽管如此，随着技术的不断更新和发展，书中难免

存在不足之处，恳请专家与广大读者不吝指正，以便今后修改和完善。

编　者

2024 年 10 月

目 录

模块 1
OpenStack概述

01

学习目标

【知识目标】

OpenStack 是一个开源的云计算平台，由一系列服务项目组成，包括 Nova、Neutron、Cinder、Swift、Keystone 等。用户在通过身份认证后，可借助 OpenStack 提供的应用程序接口（Application Program Interface，API），实现对众多云基础资源的集中管理和灵活控制。

对于 OpenStack，需要掌握以下知识。

- 云计算与 OpenStack。
- OpenStack 的发展历程。
- OpenStack 基金会。

【技能目标】

- 能够区分各种云服务的类型。
- 熟知 OpenStack Web UI 的构成。

1.1 情景引入

优速网络公司正面临从传统信息技术（Information Technology，IT）架构向云计算架构过渡的重大挑战。为有效应对此挑战，公司高层经过深思熟虑，决定采用 OpenStack 作为私有云计算平台的核心框架。作为公司 IT 部门的中坚力量，小王深知从传统 IT 架构转换到云计算架构的复杂性和挑战性，因此，他迅速投入对 OpenStack 的学习，以应对即将到来的变革。

经过系统的学习，小王了解到 OpenStack 是一个集众多大型项目于一体的开源云计算平台，其核心组件主要包括提供认证服务的 Keystone 组件、提供镜像服务的 Glance 组件、提供计算服务的 Nova 组件、提供网络服务的 Neutron 组件、提供块存储服务的 Cinder 组件，以及提供对象存储服务的 Swift 组件。这些核心组件共同实现对计算、网络和存储等资源的灵活管理。同时，小王也了解到 OpenStack 在发展过程中经历了多个版本的迭代，不同版本在功能、组件、安装和使用等方面均存在差异，这给公司的云化进程带来了挑战。

在学习过程中，小王深刻感受到了云计算的巨大潜力和优势。他坚信，随着技术的不断进步，云计算将在未来发挥关键性的作用。而 OpenStack 作为目前部署较广泛的开源云计算平台，在推动企业云化进程中扮演了重要角色。实施云化项目不仅能提高公司 IT 资源的利用率和管理效率，还能为公司的长远发展奠定坚实基础。

1.2 相关知识

1.2.1 云计算与 OpenStack

微课 1-1

云计算与 OpenStack 之间存在紧密的联系。OpenStack 为云计算提供了必要的技术支持和基础设施，使云计算得以广泛应用和发展。同时，云计算也为 OpenStack 提供了广阔的应用场景，推动了 OpenStack 的进步与完善。

云计算技术通过虚拟化和分布式处理等手段，将计算、网络和存储等资源的具体位置及配置对用户进行了屏蔽。用户只需进行少量的管理工作，便可以根据需求获取这些资源，并进行管理和配置。云计算的服务架构包含物理层、基础设施即服务（Infrastructure as a Service，IaaS）、平台即服务（Platform as a Service，PaaS）、软件即服务（Software as a Service，SaaS）及云管理等多个层次，具体如图 1-1 所示。

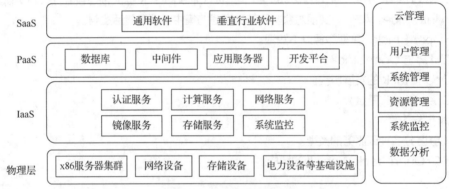

图 1-1 云计算的服务架构

① 物理层：为上层服务提供基础的 IT 硬件资源，对上层服务的服务能力具有决定性作用。

② IaaS：为用户提供基础设施。通过虚拟化技术将物理层的计算、网络、存储等资源整合成资源池，对外提供虚拟机实例、网络服务和存储服务。

③ PaaS：为用户提供应用程序开发和部署平台。PaaS 提供特定业务的开发运行环境，如应用代码、软件开发工具包、操作系统和 API 等相关 IT 组件。

④ SaaS：为用户提供基于云的软件应用程序。SaaS 是一种新的软件服务方式，用户可以直接通过网络向云服务提供商购买所需的软件功能。

⑤ 云管理：可以高效管理和维护云数据中心的各种组件和资源，并提供全视图的云资源状态监控。OpenStack 可以看作 IaaS 这个层次的云管理系统。

在只有单机或少量主机的情况下，主机的管理可以通过简单的命令和操作完成。然而，在云计算背景下，大规模的网络内拥有成千上万台物理主机，如何实现这些物理主机上虚拟设备的自动化管理成为运维人员的一大挑战。为了应对这一挑战，需要引入软件系统来辅助运维人员进行系统的管理和维护。OpenStack 作为目前部署较广泛的开源云计算平台，发挥着至关重要的作用。

作为云计算平台，OpenStack 具备强大的控制能力。借助 OpenStack，用户可以更加灵活地部署和管理云计算环境，进一步提高资源的利用率和运维效率。云计算平台 OpenStack 的逻辑架构如图 1-2 所示，OpenStack 能够借助第三方服务或内置工具，对共享资源进行虚拟化处理，生成裸金属、虚拟机或容器，进而实现高效管理。

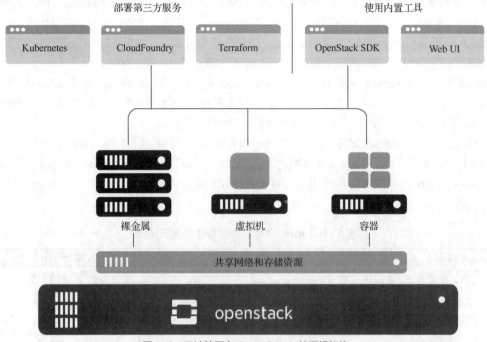

图 1-2　云计算平台 OpenStack 的逻辑架构

OpenStack 致力于构建一个具备高度可扩展性和灵活性的云计算平台，使用户能够高效地部署和管理私有云、公有云及混合云环境。它兼容多种虚拟化技术，包括 KVM、Xen、VMware 和 Hyper-V，同时整合了 Docker 和 Kubernetes 等容器技术，为用户提供全面的云服务支持。

1.2.2　OpenStack 的发展历程

2006 年，亚马逊公司在业务模式驱动下，创新推出了弹性计算云（Elastic Compute Cloud，EC2）。此前美国国家航空航天局（National Aeronautics and Space Administration，NASA）已经在研究类似的服务，但遇到了许多技术层面的挑战。与此同时，美国云计算市场当时占有一定地位的 Rackspace 在市场拓展上面临着不小的困境。

面对这样的局面，NASA 与 Rackspace 决定携手合作。于是，2010 年 7 月，双方共同启动并开源了 OpenStack，并发布了 OpenStack 第 1 个版本 Austi，该版本仅有 Swift 和 Nova 两个组件，其中，Rackspace 负责 Swift 组件的代码，用于提供对象存储服务，而 NASA 负责 Nova 组件的代码，该组件除了提供计算服务外，还提供网络和块存储服务。

2011 年初，OpenStack 发布了第 2 个版本 Bexar，增加了 Glance 组件，旨在提供镜像管理服务。同年 4 月，OpenStack 发布了更为稳定的第 3 个版本 Cactus。同年 9 月，OpenStack 发布了第 4 个版本 Diablo，并对开发与发布周期进行了规范，确保每年春秋两季各发布一个主版本，每个主版本系列均以字母表顺序（A~Z）循环命名。

2012 年春季，OpenStack 发布了第 5 个版本 Essex，该版本进行了多项改进，其中最引人注目的是新增了两个组件：Horizon 和 Keystone。Horizon 组件的主要职责是提供基于 Web 的用户界面（Web UI）服务，便于用户更好地与云环境进行交互；而 Keystone 组件则负责提供认证服务，确保用户和应用程序的安全访问。

2012 年秋季，OpenStack 发布了第 6 个版本 Folsom，该版本在 Nova 组件的基础上进行了重要的拆分和升级。其中，网络组件 Quantum（后更名为 Neutron）和块存储组件 Cinder 被剥离出来，各自独立地提供网络服务和块存储服务。这一改动进一步提升了 OpenStack 的灵活性和可扩展性，使其能够更好地满足不断变化的云计算需求。至此，OpenStack 的核心组件已基本就绪。

2013 年秋季，OpenStack 发布了 Havana 版本，这是第 8 个版本。该版本新增了 Ceilometer 组件，用于监控计费功能；同时引入了 Heat 组件，以实现编排和自动化部署。这一版本的发布进一步提升了 OpenStack 的功能性和实用性，为用户提供了更强大的云管理工具。

2014 年春季，OpenStack 发布了第 9 个版本，即 Icehouse，其中新增了 Trove 组件，旨在为用户提供数据库服务。此后，OpenStack 不断发展、优化，截至 2024 年 1 月，OpenStack 已经发布了第 28 个版本 Bobcat，而第 29 个版本 Caracal 也在紧锣密鼓地开发中。表 1-1 详细记录了 OpenStack 部分版本的发布信息。

表 1-1　OpenStack 部分版本的发布信息

版本	状态	初次发布日期
2024.1 Caracal	开发	2024-04-03
2023.2 Bobcat	维护	2023-10-04
2023.1 Antelope	维护	2023-03-22
Zed	维护	2022-10-05
Yoga	维护	2022-03-30
Xena	延长维护	2021-10-06
Wallaby	延长维护	2021-04-14
Victoria	延长维护	2020-10-14
Ussuri	延长维护	2020-05-13
Train	延长维护	2019-10-16
Stein	延长维护	2019-04-10

表 1-1 中"维护"状态代表相关版本正积极获得支持，并持续接收更新，涵盖错误修复、安全补丁及新功能；而"延长维护"状态则意味着该版本不再积极开发新功能，但仍然负责接收关键更新与维护。

OpenStack 被分解成多个服务，用户可根据需要即插即用。图 1-3 展示了 OpenStack 的整体情况。

① OPENSTACK：包含 OpenStack 的各种服务项目，为用户提供各种服务，如存储服务有对象存储服务 Swift、块存储服务 Cinder 和共享文件存储服务 Manila。

② CLIENT TOOLS：包含丰富的客户端工具和库，提供了与 OpenStack API 交互的方法。

③ INTEGRATION ENABLERS：包含容器网络服务和 NFV 管理服务，为 OpenStack 提供了与其他开放基础堆栈无缝集成的能力，提升了整体平台的互操作性。

④ OPERATIONS TOOLING：包含监控服务、资源优化服务等，为 OpenStack 云计算平台的运维团队提供工具，以支持平台的稳定运行和日常管理。

⑤ LIFECYCLE MANAGEMENT：包含 OpenStack 的开发和生命周期管理工具，为 OpenStack 云计算平台的运维团队简化了 OpenStack 部署的整个生命周期管理过程，从安装到维护，全面保障系统的可靠性和高效性。

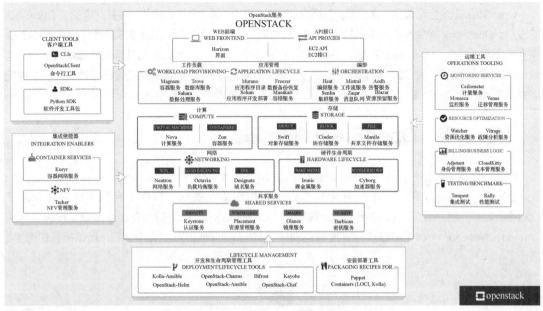

图 1-3 OpenStack 的整体情况

1.2.3 OpenStack 基金会

OpenStack 基金会在推动 OpenStack 的发展和应用方面有着至关重要的作用。自 2012 年 9 月成立以来，OpenStack 的所有管理工作均由 OpenStack 基金会负责和监管。作为一个非营利性组织，该基金会致力于推动 OpenStack 的开发与发布，支持 OpenStack 开发者创造出业界领先的云计算软件，并与技术提供商紧密合作，确保 OpenStack 能够集成最新技术。同时，该基金会还提供全方位的服务，以满足用户和整个 OpenStack 生态系统的需求，进一步推动 OpenStack 公有云和私有云的发展。

起步阶段，该基金会拥有 24 名会员，随着时间的推移，基金会不断发展壮大，如今，会员分为个人会员和企业会员两类。个人会员加入机制保持开放，且无须支付任何费用，参与者需积极投身于技术贡献、代码贡献及社区建设活动，推动社区发展。企业会员体系中存在白金会员（Platinum Member）、黄金会员（Gold Member）、白银会员（Silver Member）和准会员（Associate Member）等不同级别。OpenStack 基金会部分会员如图 1-4 所示。

图 1-4 OpenStack 基金会部分会员

OpenStack 基金会汇聚了众多力量，包括企业、政府机构、学术机构和个人，其共同推动了 OpenStack 的发展。OpenStack 基金会通过提供技术、市场和社区支持，为用户深入理解并有效利用 OpenStack 提供坚实后盾。此外，OpenStack 基金会还积极举办各类活动与会议，旨在加强开源云计算社区的交流与合作，促进社区成员间的知识共享与经验交流。通过不懈努力，OpenStack 基金会已经建立起一个稳健而充满活力的开源云计算社区，极大地促进了开源云计算技术的进步和应用。

1.3 实验：OpenStack 基础管理

（1）搭建实验拓扑

OpenStack 基础管理实验的拓扑包括 2 台云主机和 2 个子网，其中 2 台云主机分别安装了 OpenStack 的控制节点（Controller）和计算节点（Compute），2 台云主机的 eth0 端口连接提供网络（Provider Network）、eth1 端口连接管理数据网络（Management&Data Network），具体拓扑如图 1-5 所示。

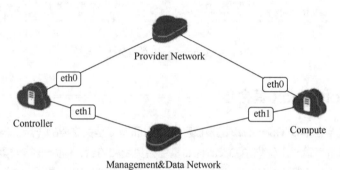

图 1-5 OpenStack 基础管理实验拓扑

OpenStack 基础管理实验环境信息如表 1-2 所示。

表 1-2 OpenStack 基础管理实验环境信息

设备名称	软件环境（镜像）	硬件环境
Controller	OpenStack Rocky Controller 桌面版	CPU：4 核。 内存：8GB。 磁盘：80GB
Compute	OpenStack Rocky Compute 桌面版	CPU：4 核。 内存：6GB。 磁盘：80GB
Provider Network	—	子网网段：30.0.3.0/24。 网关地址：30.0.3.1。 DHCP 服务：On
Management&Data Network	—	子网网段：30.0.2.0/24。 网关地址：30.0.2.1。 DHCP 服务：Off

（2）管理 OpenStack 基础信息

① 登录控制节点，打开浏览器，输入网址 http://controller/dashboard/auth/login/，按 Enter 键，进入 OpenStack 登录页面。

② 填写信息（域为 default，用户名为 admin，密码为 admin），如图 1-6 所示，单击"登入"按钮，登录 OpenStack Web 页面。

图 1-6　填写信息

③ 登录成功后，页面左侧是导航栏，在以管理员身份登录的情况下，可以看到"项目""管理员""身份管理"选项，如图 1-7 所示。

④ 从左侧导航栏中选择"项目"选项，可以通过该下拉列表查看和管理所选项目中的资源，包括"访问 API""计算""卷""网络""对象存储"，如图 1-8 所示。

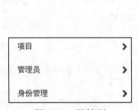

图 1-7　导航栏　　　　　图 1-8　"项目"下拉列表

"访问 API"指的是各服务的访问网址。

"计算"下拉列表中包含"实例""镜像""密钥对"等计算管理选项。

"卷"下拉列表中包含"卷""快照""组"等卷管理选项。

"网络"下拉列表中包含"网络拓扑""路由""安全组""浮动 IP"等网络管理选项。

"对象存储"下拉列表中包含"容器管理"选项。

⑤ 从左侧导航栏中选择"管理员"选项，可以通过该下拉列表完成对"概况""计算""卷""网络""系统"的管理工作，如图 1-9 所示。

"概况"展示了使用情况摘要，包括运行中的"实例""vCPU 数量""磁盘""内存"等。

"计算"下拉列表中包含"虚拟机管理器""主机聚合""实例""实例类型""镜像"。

"卷"下拉列表中包含"卷""快照""卷类型"。

"网络"下拉列表中包含"网络""路由""浮动 IP"。

"系统"下拉列表中包含"默认值（配额信息）""元数据定义""系统信息"。

⑥ 从左侧导航栏中选择"身份管理"选项，该下拉列表包含"项目""用户""组""角色""应用程序凭证"选项，如图 1-10 所示。

图1-9 "管理员"下拉列表　　图1-10 "身份管理"下拉列表

"项目"用于管理和查看项目信息。

"用户"用于管理和查看用户信息。

"组"用于管理和查看用户组列表。

"角色"用于管理和查看角色信息。

"应用程序凭证"用于管理和查看应用程序凭证。

⑦ 单击右上角的"admin"下拉按钮，在弹出的下拉列表中选择"设置"选项，打开用户设置页面，如图 1-11 所示，在该页面中可设置"语言""时区""每页条目数""每个实例的日志行数"。

图1-11　用户设置页面

⑧ 选择左侧导航栏中的"修改密码"选项,进入修改密码页面,如图 1-12 所示,可修改用户登录密码。

图 1-12　修改密码页面

1.4　小结

本模块着重阐释了开源云计算平台 OpenStack 的相关知识。首先,阐明了 OpenStack 与云计算之间的紧密联系。随后,详细梳理了 OpenStack 的发展历程,阐述了各个项目在推动 OpenStack 进步中所扮演的角色及其功能。考虑到 OpenStack 基金会在 OpenStack 演进中所起到的至关重要的作用,本模块还对该基金会进行了介绍,以揭示其在 OpenStack 生态系统中的重要地位。最后,在实验部分,对 OpenStack Web UI 的构成进行了详细说明,帮助读者为后续模块的学习奠定了坚实的基础。

模块 2
OpenStack认证服务
（Keystone）

02

学习目标

【知识目标】

OpenStack 的 Keystone 构建了一个统一的身份认证和授权机制，同时提供目录注册服务。用户只需通过一组认证凭据，如用户名和密码、API 密钥等，即可访问 OpenStack 的其他服务。这一设计显著提高了 OpenStack 云计算平台的安全性，同时简化了用户管理流程。

对于 OpenStack 认证服务，需要掌握以下知识。

- Keystone 基本概念。
- Keystone 提供的核心服务。
- Keystone 的组件和架构。
- Keystone 认证流程和 Keystone 身份管理。

【技能目标】

- 能够用命令行方式创建和管理项目、用户及角色。
- 能够用 Web UI 方式创建和管理项目、用户及角色。

2.1 情景引入

在云化项目启动之际，小王作为公司网络运维管理的核心成员，立即投身于公司内部云化需求的调研与分析工作。OpenStack 是一个由多个项目协同组成的云资源管理平台，呈现出高度的复杂性和集成性，如何保障各服务访问的安全性是目前亟待解决的首要问题。同时，鉴于公司内多个业务部门需要独立且自主地管理其云资源的现状，云计算平台必须构建一套统一的身份认证和授权机制。

为保障云化项目能够顺利进行，小王对 OpenStack 云计算平台的认证服务 Keystone 进行了深入研究。Keystone 通过执行严格的认证和授权机制，确保仅有经过认证的用户才能访问和操作云资源，从而极大地增强了系统的安全性。此外，Keystone 的多租户支持功能使得不同的业务部门能够在同一OpenStack 云计算平台上独立管理各自的云资源，有效满足了各部门的需求。同时，Keystone 能够与公司现有的身份认证系统进行无缝对接，进一步降低了云化项目的实施难度。

经过 OpenStack 认证服务 Keystone 的部署与应用，优速网络公司成功实现了云资源的集中化管理、多租户支持及安全访问控制，有效提高了业务运营的灵活性与整体效率。

2.2 相关知识

2.2.1 Keystone 概述

1. Keystone 简介

随着云计算的发展，越来越多的用户选择使用云计算平台，存储于云端的数据也越来越多，其安全性问题受到了越来越多的关注。任何一款软件都需要考虑安全性问题，OpenStack 作为开源的云计算平台也不例外。OpenStack 使用 Keystone 组件来保障安全。

微课 2-1

Keystone 首次出现在 OpenStack 的 Essex 版本中，是 OpenStack 的核心项目之一，位于 OpenStack 全景图中的共享服务层，为 OpenStack 的其他项目提供认证服务，如图 2-1 所示。

图 2-1 OpenStack 的共享服务层

Keystone 主要负责 OpenStack 用户身份认证、令牌管理、服务目录的提供及访问控制，可以将其看作 OpenStack 用户和服务之间的中介，Glance、Nova、Neutron、Horizon、Swift 和 Cinder 等服务在部署时都需向 Keystone 注册其服务访问网址（在 Keystone 中也叫作 Endpoint），用户访问这些服务时先向 Keystone 提交认证并获取令牌及服务访问网址，接着携带获取的令牌根据 Keystone 提供的网址访问对应的服务，如图 2-2 所示。

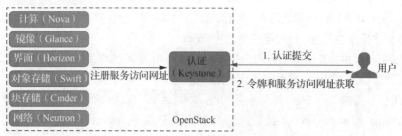

图 2-2 用户访问服务的流程

2. Keystone 基本概念

Keystone 认证组件中包含很多基本概念，概念之间的关系如图 2-3 所示，掌握这些概念有助于对 OpenStack 的学习和理解。

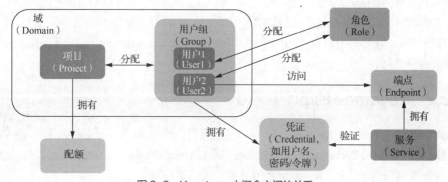

图 2-3 Keystone 中概念之间的关系

① 域（Domain）：定义了管理的边界，是用户和项目的集合，必须全局唯一。

② 项目（Project）：各服务中可以访问的资源集合，拥有整个项目的资源配额，在某个域下唯一。

③ 用户（User）：访问 OpenStack 服务的个人、系统或某个服务。

④ 用户组（Group）：一组用户的集合，通过对用户组分配角色可实现同时对多用户进行统一管理。

⑤ 角色（Role）：与权限相对应，通过为用户分配角色实现对用户权限的控制。

⑥ 服务（Service）：OpenStack 中的服务组件，如 Glance、Nova、Neutron、Horizon、Swift 和 Cinder 等。服务会对外提供一个或多个端点供用户访问和操作。

⑦ 端点（Endpoint）：用来访问某个服务组件的网址，可以理解为服务访问点。在部署 OpenStack 服务组件时，会向 Keystone 注册端点，如镜像服务注册端点命令为 openstack endpoint create --region RegionOne image public http://controller:9292。

⑧ 令牌（Token）：由字母和数字组成的一串字符，是允许访问特定资源的凭证。

⑨ 凭证（Credential）：确认用户身份的数据，如用户的用户名和密码、令牌等。

域把项目、用户和用户组作为一个整体管理，Keystone 通过用户和角色的映射关系决定用户的权限级别，用户提供用户名和密码给 Keystone 以得到令牌信息，服务通过端点提供服务，提供服务之前会验证令牌并根据令牌获知用户的权限。

3. Keystone 提供的核心服务

Keystone 提供的核心服务包括身份服务（Identity Service）、令牌服务（Token Service）、目录服务（Catalog Service）、策略服务（Policy Service）、资源服务（Resource Service）和授权服务（Assignment Service）。

① 身份服务：负责提供身份认证凭证、管理用户和用户组，包括新建、读取和删除等操作，在某些场景下，需要数据库的配合以完成用户数据的管理。

② 令牌服务：提供用户访问服务的相关凭证，例如，令牌包含的用户、角色和域/项目的信息分别表明"我是谁""我能做什么""我的作用域是什么"。

③ 目录服务：提供 OpenStack 所有服务的访问网址目录，即端点信息。Endpoint 有 3 种类型，分别是 public、internal 和 admin，public 类型的端点服务于所有用户，internal 类型的端点服务于 OpenStack 内部组件，admin 类型的端点服务于有特定权限的管理员用户。

④ 策略服务：定义了各种用户行为与用户角色的匹配关系，从 OpenStack 的 Wallaby 版本开始，策略文件由原先的 JSON 格式改为 YAML 格式，该配置文件在修改后立刻生效。例如，在 /etc/cinder/policy.yaml 文件中定义"volume:create": "role:compute-user"时，代表只有用户角色为 compute-user 的用户拥有创建卷的权限。

⑤ 资源服务：提供有关项目和域的数据。

⑥ 授权服务：负责角色授权，提供角色和角色分配（Role Assignment）的信息。角色分配包含角色、资源和身份信息。

2.2.2 Keystone 的组件和架构

Keystone 借助接口模块（Keystone API）、认证服务模块（Keystone Service）、后端实现模块（Keystone Backend）和认证插件模块（Keystone Plug-in）4 个组件，完成 OpenStack 身份管理服务。Keystone 的整体架构如图 2-4 所示。

微课 2-2

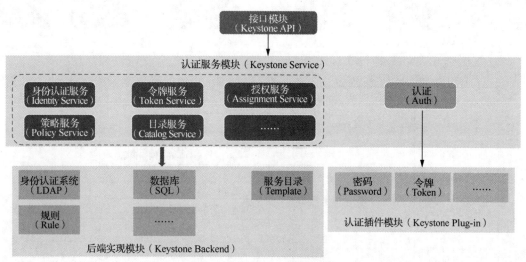

图 2-4　Keystone 的整体架构

接口模块：用于接收来自外部的请求，这些 API 是实现 Keystone 能够提供的各种服务的接口，这些服务包括身份认证服务、令牌服务和目录服务等。Keystone v3 版本的 API，相比于 v2 版本，增加了域和用户组概念，域内管理员只具备该域的管理权限，更契合生产环境，用户组的加入使用户角色的管理更加方便。

服务模块：提供身份认证服务、令牌服务、策略服务等。

后端实现模块：用于实现 Keystone 中各种服务的功能，不同的后端驱动程序（Backend Driver）代表不同的后端实现。例如，轻量目录访问协议（Lightweight Directory Access Protocol，LDAP）作为身份服务后端，负责集中管理用户名和密码；SQL 作为身份服务、授权服务等服务的后端，负责提供数据库功能；Template 作为目录服务后端，负责提供服务目录；Rule 作为策略服务后端，负责提供规则约束。

认证插件模块：提供认证服务的插件。

2.2.3　Keystone 认证流程

Keystone 组件可以被看作 OpenStack 的门禁系统，当用户访问 OpenStack 中的服务时，需要经过 Keystone 认证才能进行，生产环境中通常使用基于 Token 的认证方式。Keystone 在发展过程中，共产生了 5 种 Token 类型。

① UUID Token：一串字符串，实现简单，体积小（32 字节），易于传输。

② PKI Token：包含用户 id、过期时间、角色和目录等信息，Token 的体积不可控。

③ PKIZ Token：在 PKI Token 的基础上增加了压缩功能。

④ Fernet Token：默认使用的类型，本质上是利用对称加密算法生成令牌。Token 携带的内容中去掉了 Catalog 和 Role 信息，体积大大减小了。

⑤ JWS Token：解决了 Fernet Token 密钥暴露的存在的安全性问题，生成 JSON 格式的 Token 并采用数字签名算法对其签名。

采用 Fernet Token 方式，以创建虚拟机为例，其 Keystone 认证流程如图 2-5 所示。

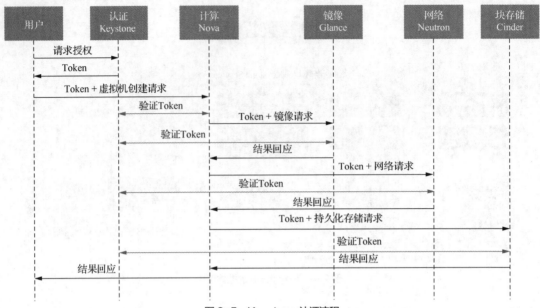

图 2-5　Keystone 认证流程

① 用户通过命令行方式或 Web UI 方式申请创建虚拟机，借助 REST API（一种基于 HTTP 的架构风格，用于设计网络应用程序的接口）请求 Keystone 授权。

② Keystone 认证用户请求信息，并生成 Token 返回认证请求。

③ 命令行或 Web UI 通过 REST API 并携带 Token 向 Nova 发送一个创建虚拟机的请求。

④ Nova 接收请求后向 Keystone 发送认证请求，查看 Token 是否有效；Keystone 根据验证结果返回有效的认证和对应的用户角色。

⑤ Nova 携带 Token 并请求 Glance 获取创建虚拟机所需的镜像信息。

⑥ Glance 向 Keystone 求证 Token 是否有效，并返回验证结果。

⑦ Nova 获得虚拟机镜像信息。

⑧ Nova 携带 Token 并向 Neutron 请求获取创建虚拟机所需的网络信息。

⑨ Neutron 向 Keystone 求证 Token 是否有效，并返回验证结果。

⑩ Nova 获得虚拟机网络信息。

⑪ Nova 携带 Token 并向 Cinder 请求获取创建虚拟机所需的持久化存储信息。

⑫ Cinder 向 Keystone 求证 Token 是否有效，并返回验证结果。

⑬ Nova 获得虚拟机持久化存储信息。

⑭ Nova 调用虚拟化驱动创建虚拟机并返回信息给用户。

2.2.4　Keystone 身份管理

OpenStack 身份管理提供了命令行和 Web UI 两种交互方式。命令行方式是指通过在控制节点上执行相应命令来进行用户的增、删、改、查操作。

以下示例创建了归属 default 域的用户，用户名为 glance，密码为 glance。

```
openstack user create --domain default --password glance glance
```

以下示例为用户 glance 添加了 admin 的角色，并设置了所属的项目是 service。

微课 2-3

```
openstack role add --project service --user glance admin
```

Keystone 身份管理常用的命令及其作用如表 2-1 所示。

表 2-1　Keystone 身份管理常用的命令及其作用

命令	作用
openstack project list	列出所有项目
openstack project create	创建项目
openstack project delete	删除项目
openstack project set	更新项目
openstack project show	查看项目的详细信息
openstack user list	列出所有用户
openstack user create	创建用户
openstack user delete	删除用户
openstack user set	更新用户
openstack user password set	更新用户密码
openstack user show	查看用户的详细信息
openstack role list	列出所有角色
openstack role create	创建角色
openstack role add	将角色分配给用户
openstack role set	更新角色
openstack role show	查看角色的详细信息
openstack role remove	删除角色的分配信息
openstack role delete	删除角色
openstack role assignment list	列出角色授权列表

Web UI 方式是指管理员在身份管理页面中进行项目、用户、组和角色的增、删、改、查操作。Keystone 身份管理页面如图 2-6 所示。

图 2-6　Keystone 身份管理页面

2.3　实验：OpenStack 认证管理

（1）搭建实验拓扑

OpenStack 认证管理实验的拓扑包括 2 台云主机和 2 个子网，其中 2 台云主机分别安装了 OpenStack 的控制节点（Controller）和计算节点（Compute），2 台云主机的 eth0 端口连接提供商网络（Provider Network）、eth1 端口连接管理数据网络（Management&Data Network），具体拓扑如图 2-7 所示。

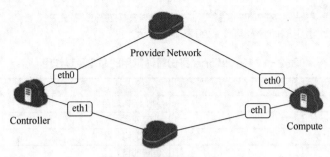

图 2-7　OpenStack 认证管理实验拓扑

OpenStack 认证管理实验环境信息如表 2-2 所示。

表 2-2　OpenStack 认证管理实验环境信息

设备名称	软件环境（镜像）	硬件环境
Controller	OpenStack Rocky Controller 桌面版	CPU：4 核。 内存：8GB。 磁盘：80GB
Compute	OpenStack Rocky Compute 桌面版	CPU：4 核。 内存：6GB。 磁盘：80GB
Provider Network	—	子网网段：30.0.1.0/24。 网关地址：30.0.1.1。 DHCP 服务：On
Management&Data Network	—	子网网段：30.0.2.0/24。 网关地址：30.0.2.1。 DHCP 服务：Off

注：root 用户的密码为 root@openlab，openlab 用户的密码为 user@openlab，后文不再特别说明。

（2）使用命令行方式管理项目

① 使用 openlab 用户登录控制节点，打开命令行窗口。

② 执行命令 **su root** 切换到 root 用户。

③ 执行如下命令，进入 root 的家目录，获取 admin 权限。

```
# cd
# . admin-openrc
```

④ 执行命令 **openstack project list**，查看项目列表，如图 2-8 所示。

图 2-8　查看项目列表

⑤ 执行命令 **openstack project create --description "Test Project" testproject**，创建项目，如图 2-9 所示。其中，--description 后接项目的描述信息，这里为 Test Project；testproject 为项目名称。

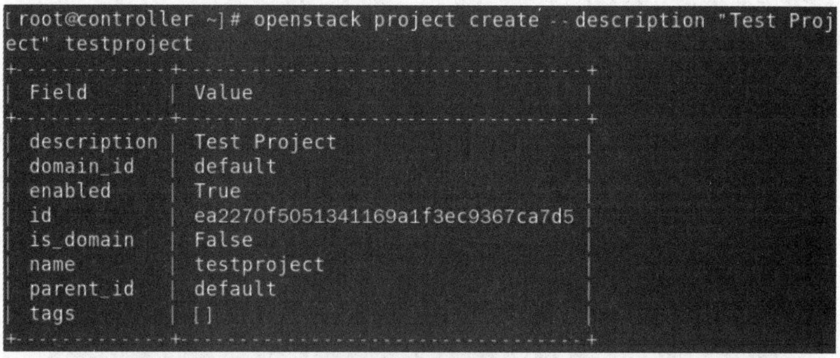

```
[root@controller ~]# openstack project create --description "Test Proj
ect" testproject
+-------------+----------------------------------+
| Field       | Value                            |
+-------------+----------------------------------+
| description | Test Project                     |
| domain_id   | default                          |
| enabled     | True                             |
| id          | ea2270f5051341169a1f3ec9367ca7d5 |
| is_domain   | False                            |
| name        | testproject                      |
| parent_id   | default                          |
| tags        | []                               |
+-------------+----------------------------------+
```

图 2-9　创建项目

此时，建立了一个项目。项目的描述信息为 Test Project，项目状态为 enabled，项目 id 为 ea2270f5051341169a1f3ec9367ca7d5，项目名称为 testproject。

⑥ 执行如下命令，更新项目名称为 testproject-new 并查看项目信息。其中，ea2270f5051341169-a1f3ec9367ca7d5 为项目 id；--name 后接项目名称，这里是 testproject-new，如图 2-10 所示。

```
# openstack project set ea2270f5051341169a1f3ec9367ca7d5 --name testproject-new
# openstack project show ea2270f5051341169a1f3ec9367ca7d5
```

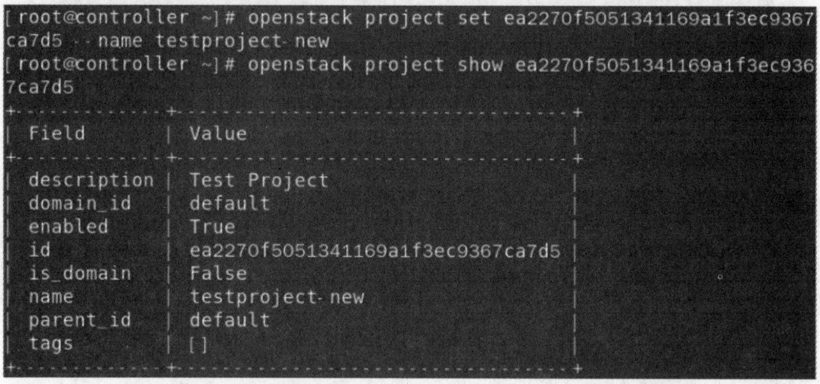

```
[root@controller ~]# openstack project set ea2270f5051341169a1f3ec9367
ca7d5 --name testproject-new
[root@controller ~]# openstack project show ea2270f5051341169a1f3ec936
7ca7d5
+-------------+----------------------------------+
| Field       | Value                            |
+-------------+----------------------------------+
| description | Test Project                     |
| domain_id   | default                          |
| enabled     | True                             |
| id          | ea2270f5051341169a1f3ec9367ca7d5 |
| is_domain   | False                            |
| name        | testproject-new                  |
| parent_id   | default                          |
| tags        | []                               |
+-------------+----------------------------------+
```

图 2-10　更新项目名称为 testproject-new 并查看项目信息

此时，项目名称已更新为 testproject-new。

⑦ 执行如下命令，删除名为 testproject-new 的项目并查看项目列表，如图 2-11 所示。

```
# openstack project delete ea2270f5051341169a1f3ec9367ca7d5
# openstack project list
```

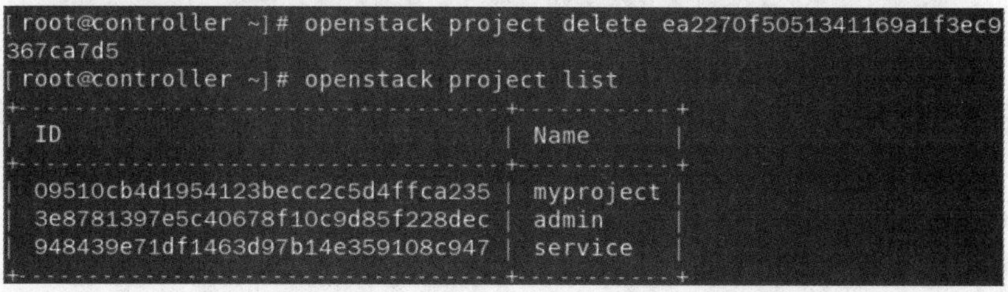

```
[root@controller ~]# openstack project delete ea2270f5051341169a1f3ec9
367ca7d5
[root@controller ~]# openstack project list
+----------------------------------+------------+
| ID                               | Name       |
+----------------------------------+------------+
| 09510cb4d1954123becc2c5d4ffca235 | myproject  |
| 3e8781397e5c40678f10c9d85f228dec | admin      |
| 948439e71df1463d97b14e359108c947 | service    |
+----------------------------------+------------+
```

图 2-11　删除名为 testproject-new 的项目并查看项目列表

此时，项目 testproject-new 已被成功删除。

（3）使用命令行方式管理用户

① 执行命令 **openstack user list**，查看用户列表，如图 2-12 所示。

```
[root@controller ~]# openstack user list
+----------------------------------+-----------+
| ID                               | Name      |
+----------------------------------+-----------+
| 2229e4b163fd4e65b82604d8c31a0e6f | nova      |
| 6d2ab32383ca4336980855b4ff71219b | cinder    |
| 7f272e74f72c479ba41a173f6e28fda4 | myuser    |
| 81e76eed7bc9448eb89cd480cc5e870c | admin     |
| c7a68bedd49d4b0280c210249923c35a | placement |
| d3675172cf0c4a34931f5683486323f7 | neutron   |
| e133df350d314f6a8ab24b483659eada | glance    |
| ea6cce9781694d21a7db683f22407023 | swift     |
+----------------------------------+-----------+
```

图 2-12　查看用户列表

② 执行如下命令，创建用户 john，如图 2-13 所示。其中，--domain 表示域，后接域名；--password-prompt 表示采用交互方式设置密码，创建用户时，会要求输入密码；john 为用户名称。

```
# openstack user create --domain default --password-prompt john
```

```
[root@controller ~]# openstack user create --domain default --password
-prompt john
User Password:
Repeat User Password:
+---------------------+----------------------------------+
| Field               | Value                            |
+---------------------+----------------------------------+
| domain_id           | default                          |
| enabled             | True                             |
| id                  | 8f88c6f144b54d8a913cd06c19579303 |
| name                | john                             |
| options             | {}                               |
| password_expires_at | None                             |
+---------------------+----------------------------------+
```

图 2-13　创建用户

此时，建立了一个用户 john，用户状态为 enabled。

③ 执行如下命令，更新用户 john 的名称为 john-new 并查看用户列表，如图 2-14 所示。其中，--name 后接用户名称，即新名称。

```
# openstack user set john --name john-new
# openstack user list
```

```
[root@controller ~]# openstack user set john --name john-new
[root@controller ~]# openstack user list
+----------------------------------+-----------+
| ID                               | Name      |
+----------------------------------+-----------+
| 2229e4b163fd4e65b82604d8c31a0e6f | nova      |
| 6d2ab32383ca4336980855b4ff71219b | cinder    |
| 7f272e74f72c479ba41a173f6e28fda4 | myuser    |
| 81e76eed7bc9448eb89cd480cc5e870c | admin     |
| 8f88c6f144b54d8a913cd06c19579303 | john-new  |
| c7a68bedd49d4b0280c210249923c35a | placement |
| d3675172cf0c4a34931f5683486323f7 | neutron   |
| e133df350d314f6a8ab24b483659eada | glance    |
| ea6cce9781694d21a7db683f22407023 | swift     |
+----------------------------------+-----------+
```

图 2-14　更改用户名称为 john-new 并查看用户列表

④ 执行如下命令，删除名为 john-new 的用户并查看用户列表，如图 2-15 所示。

```
# openstack user delete john-new
# openstack user list
```

```
[root@controller ~]# openstack user delete john-new
[root@controller ~]# openstack user list
+----------------------------------+-----------+
| ID                               | Name      |
+----------------------------------+-----------+
| 2229e4b163fd4e65b82604d8c31a0e6f | nova      |
| 6d2ab32383ca4336980855b4ff71219b | cinder    |
| 7f272e74f72c479ba41a173f6e28fda4 | myuser    |
| 81e76eed7bc9448eb89cd480cc5e870c | admin     |
| c7a68bedd49d4b0280c210249923c35a | placement |
| d3675172cf0c4a34931f5683486323f7 | neutron   |
| e133df350d314f6a8ab24b483659eada | glance    |
| ea6cce9781694d21a7db683f22407023 | swift     |
+----------------------------------+-----------+
```

图 2-15　删除名为 john-new 的用户并查看用户列表

此时，用户 john-new 已被成功删除。

（4）使用命令行方式管理角色

① 执行如下命令，查看角色列表，如图 2-16 所示。

```
# openstack role list
```

```
[root@controller ~]# openstack role list
+----------------------------------+--------+
| ID                               | Name   |
+----------------------------------+--------+
| 4c6edeb195824591a939301bdd20e7c2 | reader |
| 69c633d1d6ec4d8493ee6d1e476e9a19 | admin  |
| c1d38556461c48c88962a50ceeebb227 | myrole |
| ed63421561ae40759a6f69210b6f4ea0 | member |
| f365cb42cd094bc79fa2c7a7ed217ae6 | aaa    |
+----------------------------------+--------+
```

图 2-16　查看角色列表

② 执行如下命令创建角色，其中 role1 为角色名称，如图 2-17 所示。

```
# openstack role create role1
```

```
[root@controller ~]# openstack role create role1
+-----------+----------------------------------+
| Field     | Value                            |
+-----------+----------------------------------+
| domain_id | None                             |
| id        | 7cdb9fb568744be8b5f5b16008004382 |
| name      | role1                            |
+-----------+----------------------------------+
```

图 2-17　创建角色

此时，建立了一个角色，角色 id 自动生成，角色名为 role1。

③ 执行命令 **openstack role add --user myuser --project myproject role1**，将角色分配给用户。其中，--user 后接用户名称，--project 后接项目名称，role1 为角色名称。该命令表示将 role1 赋给 myproject 项目下的 myuser 用户。

④ 执行如下命令，查看分配的结果，如图 2-18 所示。

```
# openstack role list --user myuser --project myproject
```

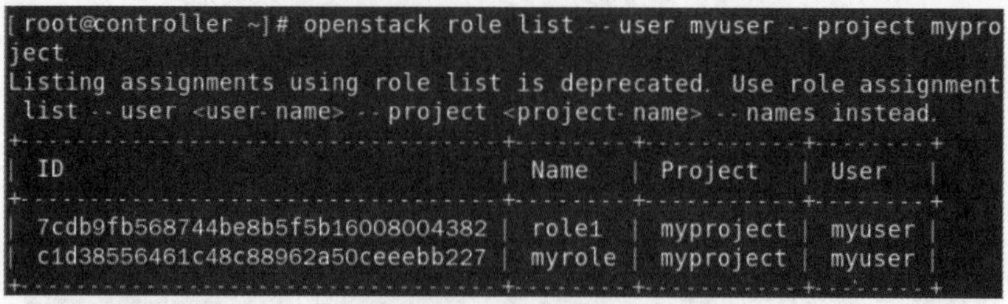

```
[root@controller ~]# openstack role list --user myuser --project mypro
ject
Listing assignments using role list is deprecated. Use role assignment
 list --user <user-name> --project <project-name> --names instead.
+----------------------------------+--------+-----------+--------+
| ID                               | Name   | Project   | User   |
+----------------------------------+--------+-----------+--------+
| 7cdb9fb568744be8b5f5b16008004382 | role1  | myproject | myuser |
| c1d38556461c48c88962a50ceeebb227 | myrole | myproject | myuser |
+----------------------------------+--------+-----------+--------+
```

图 2-18　查看分配的结果

⑤ 执行如下命令，删除分配信息并查看删除结果，如图 2-19 所示。

```
# openstack role remove --user myuser --project myproject role1
# openstack role list --user myuser --project myproject
```

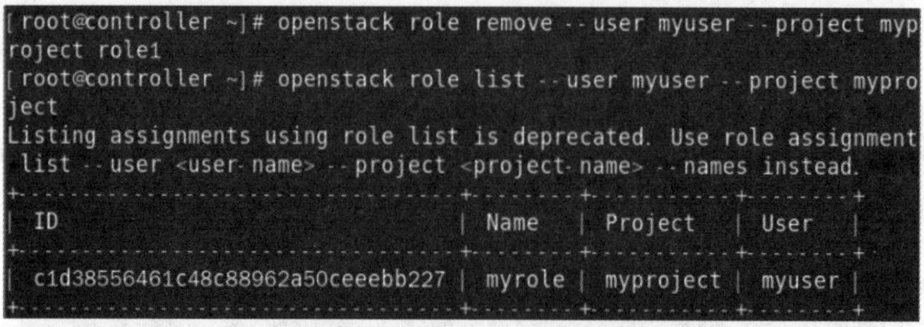

```
[root@controller ~]# openstack role remove --user myuser --project myp
roject role1
[root@controller ~]# openstack role list --user myuser --project mypro
ject
Listing assignments using role list is deprecated. Use role assignment
 list --user <user-name> --project <project-name> --names instead.
+----------------------------------+--------+-----------+--------+
| ID                               | Name   | Project   | User   |
+----------------------------------+--------+-----------+--------+
| c1d38556461c48c88962a50ceeebb227 | myrole | myproject | myuser |
+----------------------------------+--------+-----------+--------+
```

图 2-19　删除分配信息并查看删除结果

此时，角色的分配信息已经被删除。

⑥ 执行如下命令删除角色 role1 并查看角色列表，如图 2-20 所示。

```
# openstack role delete role1
# openstack role list
```

```
[root@controller ~]# openstack role delete role1
[root@controller ~]# openstack role list
+----------------------------------+--------+
| ID                               | Name   |
+----------------------------------+--------+
| 4c6edeb195824591a939301bdd20e7c2 | reader |
| 69c633d1d6ec4d8493ee6d1e476e9a19 | admin  |
| c1d38556461c48c88962a50ceeebb227 | myrole |
| ed63421561ae40759a6f69210b6f4ea0 | member |
| f365cb42cd094bc79fa2c7a7ed217ae6 | aaa    |
+----------------------------------+--------+
```

图 2-20　删除角色 role1 并查看角色列表

此时，角色 role1 已被成功删除。

（5）使用 Web UI 方式管理项目

① 登录控制节点，进入 OpenStack Web 页面。

② 选择页面左侧导航栏中的"身份管理>组"选项，单击右上方的"创建组"按钮，在弹出的"创建组"对话框中填写信息，创建一个名为 Group1 的组，如图 2-21 所示。

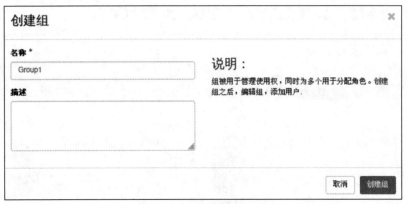

图 2-21 "创建组"对话框

③ 单击"创建组"按钮，成功创建组，组信息如图 2-22 所示。

图 2-22 组信息

④ 选择页面左侧导航栏中的"身份管理>项目"选项，单击右上方的"创建项目"按钮，进入创建项目页面，添加项目基本信息，项目名称为 testproject，如图 2-23 所示。

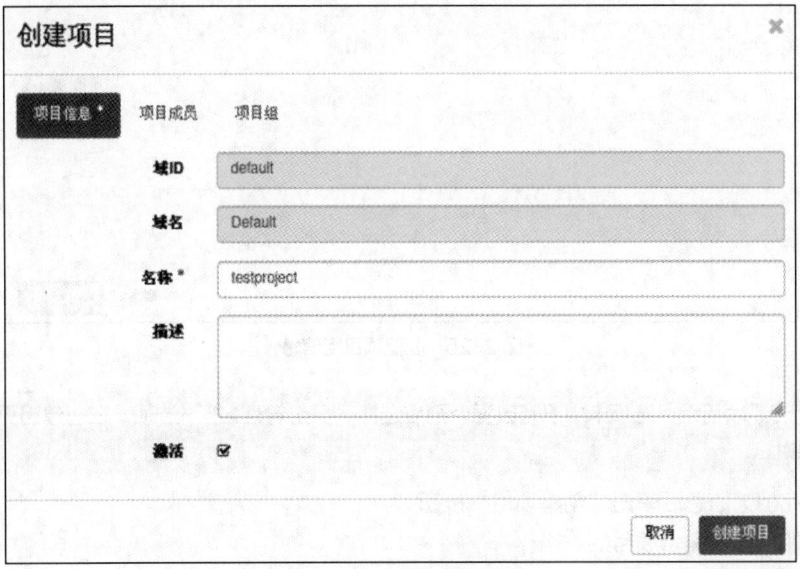

图 2-23 创建项目页面

⑤ 选择"项目成员"选项卡，配置项目成员信息，如图 2-24 所示。

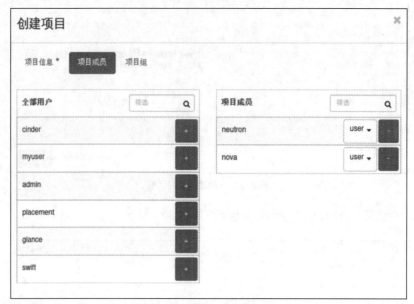

图 2-24　配置项目成员信息

说 明　　单击用户名右侧的"＋"按钮可将用户添加到项目中，单击用户名右侧的"－"按钮可将用户从项目中删除。

⑥ 选择"项目组"选项卡，配置项目组信息，如图 2-25 所示。

图 2-25　配置项目组信息

说 明　　若"项目组"选项卡中没有数据，则应选择"身份管理>组"选项，在创建组页面中创建项目组。

⑦ 填写完相关信息后单击"创建项目"按钮。

⑧ 执行如下步骤编辑项目。

选择需要编辑的项目，单击"管理成员"右侧的下拉按钮。

选择"编辑项目"选项，如图 2-26 所示，进入更改项目信息页面。修改完相关信息后，单击"保存"按钮。

图 2-26　选择"编辑项目"选项

⑨　选择需要删除的项目，单击"管理成员"右侧的下拉按钮，选择"删除项目"选项，如图 2-27 所示。

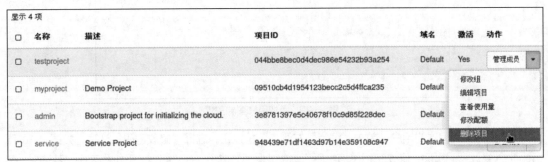

图 2-27　选择"删除项目"选项

（6）使用 Web UI 方式管理用户

①　在左侧导航栏中选择"身份管理 > 用户"选项，进入用户管理页面，如图 2-28 所示。

图 2-28　用户管理页面

② 单击"创建用户"按钮，进入创建用户页面，添加用户基本信息，如图 2-29 所示。填写完相关信息后单击"创建用户"按钮。

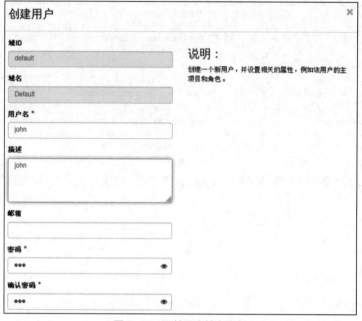

图 2-29 添加用户基本信息

③ 选择需要编辑的用户，单击"编辑"右侧的下拉按钮，选择"修改密码"选项，如图 2-30 所示，进入修改密码页面。修改完相关信息后，单击"保存"按钮。在"编辑"下拉列表中，若选择"禁用用户"选项，则该选项自动变为"激活用户"；若选择"激活用户"选项，则该选项自动变为"禁用用户"。

	用户名	描述	邮箱	用户ID	激活	域名	动作
☐	nova	-		2229e4b163fd4e65b82604d8c31a0e6f	Yes	Default	编辑 ▾
☐	john	-		596720142b304b36a5c7b65f6f5f62c1	Yes	Default	编辑 ▾
☐	cinder	-		6d2ab32383ca4336980855b4ff71219b	Yes		修改密码
☐	myuser	-		7f272e74f72c479ba41a173f6e28fda4	Yes		禁用用户 删除用户

图 2-30 选择"修改密码"选项

④ 选择需要删除的用户，单击"编辑"右侧的下拉按钮，选择"删除用户"选项，如图 2-31 所示。

	用户名	描述	邮箱	用户ID	激活	域名	动作
☐	nova	-		2229e4b163fd4e65b82604d8c31a0e6f	Yes	Default	编辑 ▾
☐	john	-		596720142b304b36a5c7b65f6f5f62c1	Yes	Default	编辑 ▾
☐	cinder	-		6d2ab32383ca4336980855b4ff71219b	Yes		修改密码
☐	myuser	-		7f272e74f72c479ba41a173f6e28fda4	Yes		禁用用户 删除用户

图 2-31 选择"删除用户"选项

（7）使用 Web UI 方式管理角色

① 在左侧导航栏中选择"身份管理 > 角色"选项，进入角色管理页面，如图 2-32 所示。

图 2-32　角色管理页面

② 单击"创建角色"按钮，进入创建角色页面，添加角色信息，如图 2-33 所示。填写完相关信息后单击"提交"按钮。

图 2-33　创建角色页面

③ 选择需要编辑的角色，单击"编辑角色"按钮，如图 2-34 所示，进入更新角色页面。修改角色信息后单击"更新角色"按钮。

图 2-34　单击"编辑角色"按钮

④ 选择需要删除的角色，单击"编辑角色"右侧的下拉按钮，选择"删除角色"选项，如图 2-35 所示。

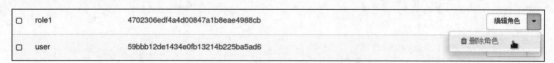

图 2-35　选择"删除角色"选项

25

▨ **2.4** 小结

本模块着重阐述了 OpenStack 的认证服务 Keystone。首先，讲解了 OpenStack 云计算平台中 Keystone 的基本概念，包括用户、项目、角色、端点和令牌等，它们共同构建了 OpenStack 的认证与授权机制。随后，讲解了 Keystone 提供的核心服务、Keystone 的组件和架构，旨在帮助读者深入理解 Keystone 的工作原理；以虚拟机创建为例，详细介绍了 Keystone 的认证流程。最后，在实验部分向读者分别演示了命令行和 Web UI 两种认证管理方式，包括项目、用户、角色等的创建和管理。通过本模块的学习，读者可以掌握 OpenStack 认证服务的实现原理和应用方式。

模块 3
OpenStack镜像服务（Glance）

学习目标

【知识目标】

Glance 是 OpenStack 中负责虚拟机镜像管理的核心服务。通过学习 Glance，读者可以了解如何上传、下载、共享和删除虚拟机镜像，并掌握对镜像进行元数据管理的技巧，这在构建和管理虚拟化环境中至关重要。

对于 OpenStack 镜像服务，需要掌握以下知识。

- Glance 镜像服务基本概念。
- Glance 镜像服务架构和 Glance 镜像服务实现原理。
- Glance 上传镜像流程。
- OpenStack 镜像管理。

【技能目标】

- 能够用命令行方式创建和管理镜像。
- 能够用 Web UI 方式创建和管理镜像。

3.1 情景引入

优速网络公司使用 OpenStack 作为私有云计算平台，以满足企业的云化需求。然而，在实际操作过程中，员工小王发现，每次新应用的部署都需要在云计算平台虚拟机上重新安装操作系统及基础软件包，这一流程不仅烦琐，重复性还高，严重影响了工作效率。

为了实现云计算平台上多应用的快速部署与更新，小王深入研究了 OpenStack 的其他组件，发现 OpenStack 的 Glance 通过预先创建和配置包含所需操作系统、应用程序及依赖包的镜像，可以快速生成虚拟机实例，从而大幅简化部署流程，实现应用的快速部署和上线。除此之外，Glance 还具备其他多项显著优势。它为用户提供了一个标准化的操作环境，能有效减少因环境差异而产生的错误和问题；它具备版本控制功能，当新版本镜像出现问题时，可以迅速回滚至旧版本镜像，确保业务的稳定运行；它支持多租户环境的隔离和镜像共享，为团队协作提供了便利；它还支持多种镜像格式，满足了跨平台迁移的多样化需求。

通过 Glance 镜像服务的部署与应用，优速网络公司不仅在虚拟机镜像管理效率上显著提高，还成功实现了应用服务器的快速部署与实时更新。同时，此举显著增强了公司 IT 团队的工作效能，为公司云化项目的稳健推进提供了坚实的基础保障。

3.2 相关知识

3.2.1 Glance 镜像服务概述

1. Glance 镜像服务简介

微课 3-1

Glance 是 OpenStack 中负责虚拟机镜像管理的核心服务组件，它提供了一种集中、可扩展的方式来发现、注册、检索和存储虚拟机镜像。通过 Glance 提供的 REST API，用户可以查看虚拟机镜像的元数据，并获取实际的镜像文件。同时，Glance 支持将镜像保存到多种存储后端上，如文件存储系统、对象存储系统等。Glance 的主要功能如下。

① 支持镜像的全生命周期管理，如创建镜像、查看镜像元数据及镜像本身、更新镜像信息及元数据、删除镜像等。

② 支持多种镜像存储方式，包括普通的文件系统方式、Swift 方式和 Amazon S3 方式等。

③ 支持对虚拟机实例执行创建快照操作来创建新的镜像。

Glance 提供的 REST API 有 API v1 和 API v2 两个版本。其中，v1 版本只提供基本的操作功能，包括镜像的增、删、改、查及镜像租户成员的增、删、改、查；v2 版本除了支持 v1 版本的所有功能之外，还增加了镜像位置的增、删、改、查，以及更丰富的元数据管理（如命名空间和镜像标记）功能。这两个版本对镜像存储的支持相同，但是目前 v1 版本已被弃用，推荐用户使用 v2 版本。

2. 镜像格式

在向 Glance 添加镜像时，必须指定虚拟机镜像的磁盘格式和容器格式。

（1）磁盘格式

虚拟机镜像的磁盘格式是底层磁盘镜像的格式，这些格式定义了虚拟磁盘镜像在物理磁盘上的结构、组织和存储方式。OpenStack 支持的镜像磁盘格式包括 RAW、VHD、VHDX、VMDK、VDI、ISO、PLOOP、QCOW2，以及亚马逊公司支持的内核镜像格式 AKI、主机镜像格式 AMI 和内存磁盘镜像格式 ARI。其中常用的是 RAW 和 QCOW2。

RAW 格式是一种没有压缩的非结构化镜像磁盘格式，以二进制形式存储镜像，因此访问速度非常快，但不支持动态扩容。

QCOW2 格式是一种虚拟磁盘格式，通常与 KVM 虚拟化监视器配合使用，具有动态扩展功能，可以根据需要自动增加磁盘空间，同时支持写时复制功能，可以实现资源的有效共享和快速复制。QCOW2 格式具有节省存储空间和高效管理磁盘镜像的优点。

（2）容器格式

容器格式定义了虚拟机镜像文件的封装方式和包含的元数据信息。OpenStack 支持多种镜像容器格式，包括 Bare、Docker、OVA 和 OVF，以及 AKI、AMI 和 ARI。其中常用的是 Bare 和 Docker。

Bare 格式是指没有容器或元数据封装的虚拟机镜像，它是原始的资源集合。由于没有额外的封装和依赖，Bare 格式镜像不存在兼容性问题。因此，在不确定选择哪种容器模式时，Bare 格式是最安全的选择。OpenStack 主要使用 Bare 格式。

Docker 格式是一种在 OpenStack 镜像服务中存储容器文件系统的格式。通过将 Docker 容器注册为镜像，用户可以方便地在 OpenStack 环境中使用和管理这些容器。使用 Docker 格式可以对磁盘中存储的数据及元数据进行隔离管理，从而更好地进行资源管理和提高部署灵活性。

3. Glance 镜像访问权限

在 Glance 中，镜像的访问权限主要有 Public、Private、Shared 和 Protected 4 种。Public 表示镜像是公有的，可以被所有的项目使用；Private 表示镜像是私有的，只可以被镜像所有者所在的项目使用；Shared 表示镜像是共享的，一个非公有的镜像可以共享给其他项目使用；Protected 表示镜像是受保护的，这种镜像不能被删除。

3.2.2 Glance 镜像服务架构及其实现原理

1. Glance 镜像服务架构

Glance 镜像服务架构主要包括接口模块（Glance API）、元数据管理模块（Glance Registry）、Glance 数据库（Glance DB）和存储后端（Store Backend）4 个部分，它们各自负责不同的任务，通过相互协作来实现对镜像的管理和存储。Glance 镜像服务架构如图 3-1 所示。

微课 3-2

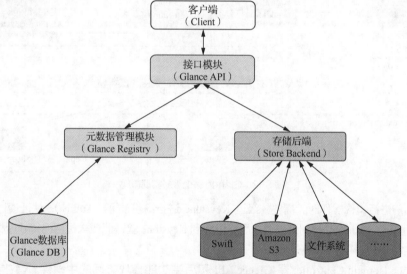

图 3-1　Glance 镜像服务架构

① Glance API 是 Glance 的核心组件，负责处理客户端发送的所有镜像相关请求，包括上传镜像、下载镜像和删除镜像等。它通过 REST API 与客户端进行通信，并将请求转发给 Glance Registry 或 Store Backend 进行处理。

② Glance Registry 是 Glance 的元数据管理组件，负责管理所有上传到 Glance 的镜像元数据。它维护了一个元数据数据库，用于存储所有镜像的元数据信息，包括名称、格式、大小、状态和位置等。在收到客户端发来的请求后，Glance API 会先将请求转发给 Glance Registry，此后 Glance Registry 负责处理镜像元数据并将相应的结果返回给 Glance API。需要注意的是，Glance Registry 的 API 只通过 Glance API 调用，且官方文档已声明，在 Queens 版本的 OpenStack 中，Glance Registry 服务已被弃用，并可能在 Stein 版本的 OpenStack 中被删除。

③ Glance DB 是 Glance 的数据库组件，用于存储 Glance Registry 所管理的元数据信息，以及其他相关配置信息。它通常使用 MySQL、MariaDB 和 SQLite 等数据库。

④ Store Backend 是 Glance 的镜像数据存储组件，用于存储上传到 Glance 的镜像数据。Glance API 通过与 Store Backend 后端存储接口交互将镜像文件存放到各种存储后端，从中获取镜像文件并交由 Nova 创建虚拟机。Glance 通过后端存储适配器支持多种镜像存储方案，主要包括本地文件系统存储、对象存储、Cinder 块存储及分布式存储，具体使用哪种存储方案可以在 Glance 配置文件/etc/glance/glance-api.conf 中的 glance-store 模块中进行配置。

2. Glance 镜像服务实现原理

Glance 采用了客户端/服务器架构，客户端通过 REST API 向服务器端发送镜像操作请求，服务器端则根据收到的请求进行相应处理，并将响应结果返回给客户端。Glance 镜像服务实现原理如图 3-2 所示。

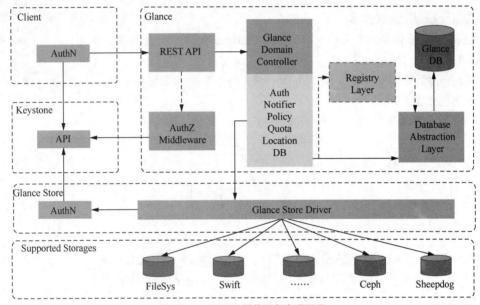

图 3-2　Glance 镜像服务实现原理

① 当用户进行镜像操作时，需要先经过 Keystone 进行身份认证（AuthN），认证通过才可以请求 Glance 镜像服务。Glance 接收到外部请求后，也会到 Keystone 验证此请求是否已得到授权（AuthZ），验证通过后才会将请求转至后端处理。

② Glance Domain Controller 是 Glance API 和后端功能模块之间的中间件，其主要作用是将 Glance 内部服务的任务分发到各个功能层，相当于调度器，Glance Domain Controller 包含以下几个功能层。

Auth：此层主要用于控制镜像的访问权限。将用户的请求信息与镜像所有者进行比较，验证此用户是否可以更改元数据和镜像本身。一般情况下，只有管理员和镜像所有者可以更改元数据及镜像，如果无法更改，则将返回相应的错误消息。

Notifier：此层主要用于将镜像变化的消息与使用镜像时发生的错误和警告添加到消息队列中。

Policy：此层主要用于在/etc/policy.json 文件中定义镜像操作的访问规则，并对其进行监视和实施。

Quota：此层主要用于定义某个用户上传的所有镜像的配额大小，并对其进行监测。若此用户上传的镜像超过此配额限制，则上传失败并报错，否则上传成功。

Location：此层主要通过 Glance Store Driver 与存储后端进行交互，如上传、下载镜像，管理镜像存储位置等。此层还能够在添加新存储位置时检查位置统一资源标识符（Uniform Resource Identifier，URI）是否正确，在镜像位置改变时删除存储后端保存的镜像数据，防止镜像位置重复。

DB：此层主要实现与数据库 API 的交互，既可以将镜像转换为相应的格式文件以存储在数据库中，又可以将从数据库中读取的信息转换为可操作的镜像对象。

③ Glance 后端有两种服务类型，一种用于处理关于元数据的请求，另一种用于处理关于镜像数据的请求，Glance Domain Controller 根据不同的请求类型将请求分配到相应的服务模块进行处理。当请求元数据时，Glance DB 会与 Glance Domain Controller 进行交互并提供服务，此时中间还可以通过 Registry Layer 进行安全交互；当请求是关于镜像数据本身时，Glance Store 会提供一个统一的接口访问后端的存储。

3.2.3 Glance 上传镜像流程和 Glance 镜像状态

微课 3-3

1. Glance 上传镜像流程

用户发送上传镜像请求时，需要先经过 Keystone 进行身份认证，认证通过并获取 Token 后才可以请求 Glance 进行镜像操作。以存储后端为 Cinder 为例，Glance 上传镜像流程如图 3-3 所示。

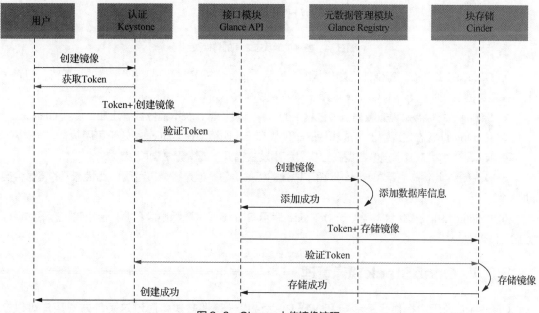

图 3-3　Glance 上传镜像流程

① 用户向 Keystone 发送创建镜像申请，Keystone 认证用户身份并颁发 Token。

② 用户携带 Token，向 Glance API 发送创建镜像的 REST API 请求，Glance API 接收到请求后，使用 Token 去 Keystone 验证 Token 的有效性。

③ Token 验证通过后，Glance API 向 Glance Registry 注册并将镜像元数据信息添加到数据库，并向 Glance API 返回镜像元数据添加成功的消息。

④ Glance API 携带 Token 向存储后端 Cinder 发送存储镜像请求。Cinder 先去 Keystone 验证 Token 的有效性，验证通过后存储镜像，并将存储成功的消息返回给 Glance API。Glance API 将镜像创建成功的消息返回给用户。

2. Glance 镜像状态

Glance 上传镜像过程中，主要包含 6 种镜像状态，分别是 Queued、Saving、Active、Killed、Deleted 和 Pending_delete，各种镜像状态之间的转换关系如图 3-4 所示。

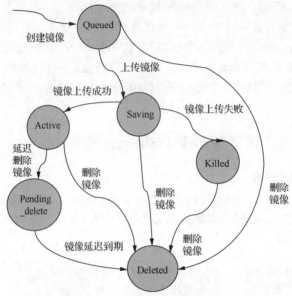

图 3-4   各种镜像状态之间的转换关系

① Queued：此状态是镜像的初始化状态，表示 Glance 注册表中已保存了镜像的标识符，但尚未上传镜像数据。在此状态下，Glance 直接设置镜像数据大小为 0。

② Saving：此状态是镜像数据上传过程中的一种过渡状态，表示镜像数据正在上传到 Glance。

③ Active：此状态是镜像上传成功后的一种状态，表明镜像在 Glance 中处于可用状态。

④ Killed：此状态表示镜像数据在上传过程中发生错误，或者无法读取该镜像。

⑤ Deleted：此状态表示 Glance 保留了镜像的相关信息，但是镜像不可用。此状态下的镜像会自动删除。

⑥ Pending_delete：此状态类似于 Deleted，表示 Glance 尚未删除镜像数据，但是此状态下的镜像数据无法恢复。

3.2.4 OpenStack 镜像管理

OpenStack 为用户提供了命令行和 Web UI 两种镜像管理方式，通过这两种方式用户可以在 OpenStack 中上传、修改、删除和存储镜像。

1. 命令行方式

使用命令行方式管理镜像时，需要在控制节点上执行 OpenStack 命令。OpenStack 镜像管理常用的命令及其作用如表 3-1 所示。

表 3-1 OpenStack 镜像管理常用的命令及其作用

命令	作用
openstack image add project	将镜像与项目关联
openstack image create	创建镜像

续表

命令	作用
openstack image delete	删除镜像
openstack image list	查看镜像列表
openstack image remove project	解除镜像与项目的关联
openstack image save	本地保存镜像
openstack image set	设置镜像参数
openstack image show	查看镜像的详细信息
openstack image unset	取消镜像的属性设置

2. Web UI 方式

在控制节点的浏览器中输入网址 http://controller/dashboard/project/images 进入 OpenStack 环境，其镜像管理页面如图 3-5 所示。

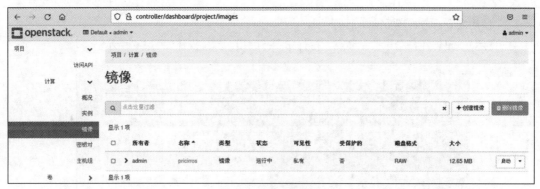

图 3-5　镜像管理页面

3.3　实验：OpenStack 镜像管理

（1）搭建实验拓扑

OpenStack 镜像管理实验的拓扑包括 2 台云主机和 2 个子网，其中 2 台云主机分别安装了 OpenStack 的控制节点（Controller）和计算节点（Compute），2 台云主机的 eth0 端口连接提供商网络（Provider Network）、eth1 端口连接管理数据网络（Management&Data Network），具体拓扑如图 3-6 所示。

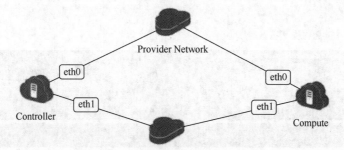

图 3-6　OpenStack 镜像管理实验拓扑

OpenStack 镜像管理实验环境信息如表 3-2 所示。

表 3-2　OpenStack 镜像管理实验环境信息

设备名称	软件环境（镜像）	硬件环境
Controller	OpenStack Rocky Controller 桌面版	CPU：4 核。 内存：8GB。 磁盘：80GB
Compute	OpenStack Rocky Compute 桌面版	CPU：4 核。 内存：6GB。 磁盘：80GB
Provider Network	—	子网网段：30.0.3.0/24。 网关地址：30.0.3.1。 DHCP 服务：On
Management&Data Network	—	子网网段：30.0.2.0/24。 网关地址：30.0.2.1。 DHCP 服务：Off

（2）使用命令行方式查看镜像

① 使用 openlab 用户登录控制节点，打开命令行窗口，具体操作如图 3-7 所示。

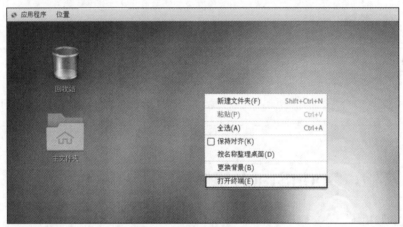

图 3-7　选择"打开终端"选项

② 执行命令 **su root** 切换到 root 用户，进入 root 的家目录，执行如下命令查看镜像列表，如图 3-8 所示。

```
# cd
# . admin-openrc
# openstack image list
```

```
[openlab@controller ~]$ su root
密码：
[root@controller openlab]# cd
[root@controller ~]# . admin-openrc
[root@controller ~]# openstack image list
+--------------------------------------+-----------+--------+
| ID                                   | Name      | Status |
+--------------------------------------+-----------+--------+
| 3dcfcf66-bc8d-4ca3-a70d-d50715800967 | pricirros | active |
+--------------------------------------+-----------+--------+
```

图 3-8　切换 root 用户、进入家目录并查看镜像列表

可以看到本地有一个名为 pricirros 的镜像，该镜像的 ID 为 3dcfcf66-bc8d-4ca3-a70d-d50715800967，状态为 active。

（3）使用命令行方式删除镜像

① 执行命令 **openstack image delete pricirros** 删除镜像，如图 3-9 所示。其中，pricirros 为镜像名称。

```
[root@controller ~]# openstack image delete pricirros
[root@controller ~]#
```

图 3-9　删除镜像

② 执行命令 **openstack image list** 验证 pricirros 镜像是否删除成功，如图 3-10 所示。

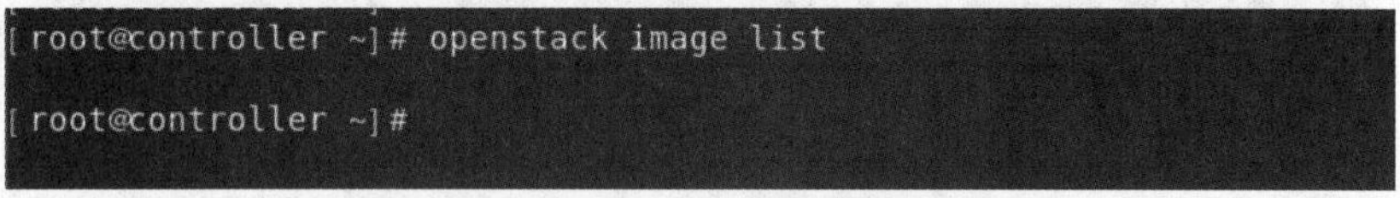

```
[root@controller ~]# openstack image list

[root@controller ~]#
```

图 3-10　验证 pricirros 镜像是否删除成功

（4）使用命令行方式创建和更新镜像

① 执行如下命令创建名为 test 的镜像，如图 3-11 所示。

```
# openstack image create 'test' --file cirros-0.3.5-x86_64-disk.img --disk-format qcow2 --container-format bare --public
```

其中，--file 后接源镜像文件，这里用本地的 cirros-0.3.5-x86_64-disk.img 文件（在 root 目录下）；--disk-format 后接镜像文件的格式，这里是 qcow2；--container-format 后接镜像容器的格式，这里是 bare；--public 表示镜像是公有的，可以被所有项目使用。

```
[root@controller ~]#
[root@controller ~]#
[root@controller ~]# openstack image create 'test' --file cirros-0.3.5-x86_64-disk.img --disk-for
mat qcow2 --container-format bare --public

+----------------+------------------------------------------------------+
| Field          | Value                                                |
|                |                                                      |
+----------------+------------------------------------------------------+
| checksum       | f8ab98ff5e73ebab884d80c9dc9c7290                     |
|                |                                                      |
| container_format | bare                                               |
|                |                                                      |
| created_at     | 2024-01-05T07:11:11Z                                 |
|                |                                                      |
| disk_format    | qcow2                                                |
|                |                                                      |
| file           | /v2/images/aabf7211-c2c2-4ddb-9e32-0fbd7306d228/file |
```

图 3-11　创建镜像

② 执行如下命令验证 test 镜像是否创建成功，如图 3-12 所示。

```
# openstack image list
```

```
[root@controller ~]# openstack image list
+--------------------------------------+------+--------+
| ID                                   | Name | Status |
+--------------------------------------+------+--------+
| aabf7211-c2c2-4ddb-9e32-0fbd7306d228 | test | active |
+--------------------------------------+------+--------+
```

图 3-12　验证 test 镜像是否创建成功

可以看到 test 镜像创建成功，该镜像的 ID 为 aabf7211-c2c2-4ddb-9e32-0fbd7306d228，状态为 active。

③ 执行如下命令查看镜像文件是否已上传至/var/lib/glance/images/目录下，如图 3-13 所示。

```
# ll /var/lib/glance/images/
```

```
[root@controller ~]# ll /var/lib/glance/images/
总用量 12960
-rw-r----- 1 glance glance 13267968 1月  5 15:11 aabf7211-c2c2-4ddb-9e32-0fbd7306d228
```

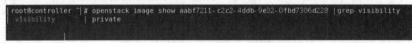

图 3-13 查看镜像文件是否已上传至指定目录下

④ 执行如下命令将 test 镜像设为私有的，如图 3-14 所示。

```
# openstack image set test --private
```

```
[root@controller ~]# openstack image set test --private
```

图 3-14 将 test 镜像设为私有的

⑤ 执行如下命令验证 test 镜像是不是私有的，如图 3-15 所示。

```
# openstack image show aabf7211-c2c2-4ddb-9e32-0fbd7306d228 |grep visibility
```

```
[root@controller ~]# openstack image show aabf7211-c2c2-4ddb-9e32-0fbd7306d228 |grep visibility
| visibility        | private
```

图 3-15 验证 test 镜像是不是私有的

其中，visibility 属性为 private，表示 test 镜像是私有的，更新成功。

（5）使用 Web UI 方式管理镜像

① 登录控制节点，进入 OpenStack Web 页面。

② 选择页面左侧导航栏中的“项目>镜像”选项，查看镜像信息，如图 3-16 所示。

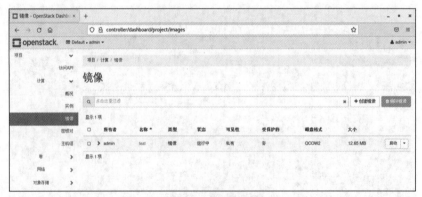

图 3-16 查看镜像信息

③ 勾选要删除的镜像，如图 3-17 所示，单击右上方的“删除镜像”按钮。

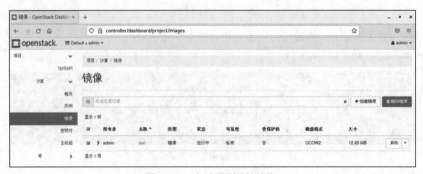

图 3-17 勾选要删除的镜像

④ 单击"确认删除镜像"对话框中的"删除镜像"按钮，如图 3-18 所示。

图 3-18 单击"删除镜像"按钮

⑤ 镜像删除成功，页面记录被清空，如图 3-19 所示。

图 3-19 镜像删除成功

⑥ 单击右上方的"创建镜像"按钮，填写镜像信息，如图 3-20 所示。

其中，"镜像名称"为 cirros、"镜像描述"为 cirros、"镜像格式"为"QCOW2-QEMU 模拟器"、镜像源文件选择 cirros-0.3.5-x86_64-disk.img，其他选项保持默认。

图 3-20 填写镜像信息

选择镜像时，如果无法进入 root 目录，则说明没有 root 目录权限，可以使用命令 **chmod 777 /root** 赋予所有用户/root 目录可执行权限。

⑦ 单击"创建镜像"按钮，显示镜像状态为"保存中"，如图 3-21 所示。

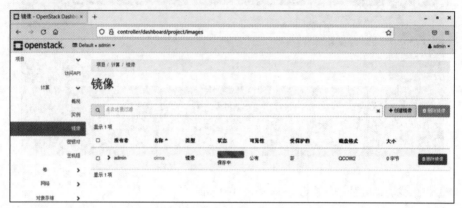

图 3-21　镜像状态为"保存中"

⑧ 镜像创建成功，如图 3-22 所示。

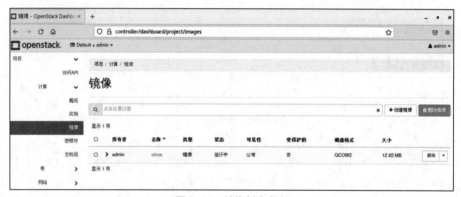

图 3-22　镜像创建成功

⑨ 更新镜像时，单击"启动"右侧的下拉按钮，选择"编辑镜像"选项，如图 3-23 所示，根据需要进行编辑。

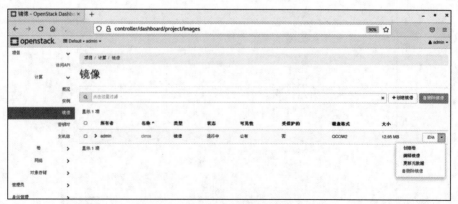

图 3-23　选择"编辑镜像"选项

////3.4 小结

　　本模块介绍了 OpenStack 镜像服务 Glance 的核心内容。首先，对镜像服务进行了概述，包括其主要功能、磁盘格式及容器格式。随后，从镜像服务架构的视角深入解析了镜像服务的实现原理，并以镜像创建为例，详细展示了部分创建流程及其状态转变。最后，在实验部分主要讲解了如何通过命令行和 Web UI 两种方式进行镜像的创建、属性更新及删除镜像操作。通过本模块的学习，读者能够全面理解 OpenStack 云计算平台的镜像服务，进而更好地运用和管理其镜像资源。

模块 4
OpenStack计算服务
（Nova）

04

学习目标

【知识目标】

OpenStack 计算服务 Nova 提供管理虚拟机和容器的功能，使云计算平台能够根据业务需求的变化自动调整和优化计算资源，即用户可借此轻松部署并高效管理云计算平台中的计算资源，确保云计算环境拥有出色的弹性、可扩展性和灵活性，从而满足不断变化的业务需求。

对于 OpenStack 计算服务，需要掌握以下知识。

- Nova 的架构和组件。
- Nova 的工作流程。
- 常见的虚拟机操作。
- OpenStack 虚拟机管理。

【技能目标】

- 能够用命令行方式创建和操作虚拟机。
- 能够用 Web UI 方式创建和操作虚拟机。

4.1 情景引入

部署完认证服务 Keystone 和镜像服务 Glance 后，优速网络公司的云计算平台初具雏形。然而，目前该平台尚未实现对计算资源的管理，亦无法适应公司日益增长的工作负载需求，计算资源缺乏灵活性与可扩展性。因此，当务之急是在 OpenStack 云计算平台上部署并应用计算资源管理服务，以满足公司业务的持续发展需求。

公司员工小王了解到 OpenStack 通过其核心组件 Nova 可以实现对计算资源的集中管理。借助 Nova，用户能够高效创建与操作虚拟机，并能根据实际需求动态地扩展或缩减计算资源。更重要的是，Nova 支持多种虚拟化程序，为各种应用场景提供了灵活多变的选择。

通过 OpenStack 计算服务 Nova 的部署与应用，优速网络公司成功将应用迁移到了 OpenStack 云计算平台上。此举不仅显著降低了硬件成本，还极大地提高了资源利用率，为公司业务的灵活调整提供了坚实的技术支撑，使公司可以更好地适应多变的市场需求。

//// 4.2　相关知识

4.2.1　Nova 的架构和组件

作为 OpenStack 的核心，Nova 承担着虚拟机、裸金属和容器的全周期管理任务，涵盖了创建、启动、查看、暂停、恢复和删除等功能。在 OpenStack 的生态系统中，Nova 与众多组件相互协作，为用户提供完整的云计算平台服务。例如，创建虚拟机时，Nova 会通过 Keystone 进行认证，并调用 Glance 提供的镜像服务，而虚拟机所需的网络相关内容由 Neutron 负责。

微课 4-1

Nova 是一个由多个组件构成的复杂系统，每个组件都有特定的功能，其核心组件包括接口模块（API）、调度模块（Scheduler）、指挥模块（Conductor）和计算模块（Compute）等，这些组件相互协作，共同完成 Nova 的主要任务。Nova 的架构如图 4-1 所示。

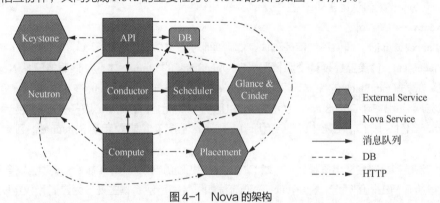

图 4-1　Nova 的架构

① API：API 是最终用户与 Nova 项目对接的 HTTP 接口，是用户与 Nova 项目之间的"桥梁"，API 负责把用户请求发送给 Nova，并将 Nova 处理完的结果返回给用户。

② Scheduler：负责为虚拟机筛选并确定其所在的宿主机。从 OpenStack 的 Ocata 版本开始，为了更好地满足不同项目的资源跟踪管理需求，有开发者提出了将 Scheduler 组件独立成 OpenStack 通用项目 Placement 的设想，从而优化资源分配的效率和精度，并为不同的项目提供统一的资源跟踪服务。

③ Conductor：在 OpenStack 的 Grizzly 版本中首次发布，主要负责 Compute 发出的数据库请求，如图 4-2 所示。它的设计初衷是为数据库（DB）的访问提供一层安全保障，确保数据的安全性。Conductor 的出现有效地避免了 Compute 服务对数据库的直接访问，实现了 Compute 服务与数据库的解耦。这一改变不仅增强了系统的安全性，还提高了部署的灵活性。即使 Compute 中的某个计算节点被攻陷，也不会影响到数据库的安全性。此外，它还允许在不升级 Compute 的情况下进行数据库的升级。

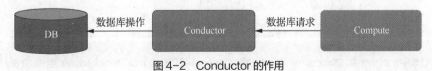

图 4-2　Conductor 的作用

④ Compute：负责虚拟机的生命周期管理，包括虚拟机的创建、删除和迁移等，这些操作都是通过底层 Hypervisor 接口来实现的。Hypervisor 接口有支持 KVM、LXC、QEMU 虚拟化引擎的 Libvirt API，适用于 XenServer、XCP 虚拟化引擎的 Xen API，支持 VMware 虚拟化引擎的 VMware API，以及适用

于 Windows Server 虚拟化引擎的 Hyper-V API，如图 4-3 所示。一般情况下，OpenStack 默认使用 KVM 虚拟化引擎，因此，在 Compute 组件中，Libvirt API 是最常用的 Hypervisor 接口。

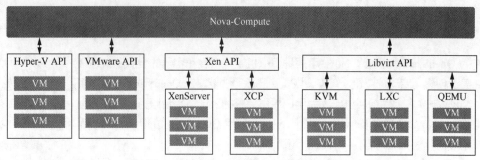

图 4-3　Hypervisor 接口

⑤ DB：负责数据存储。

⑥ Keystone：提供认证服务。

⑦ Neutron：提供网络服务。

⑧ Glance&Cinder：提供镜像管理和块存储管理服务。

⑨ Placement：负责监控硬件资源情况，自 OpenStack 的 Stein 版本起，该服务已从 Nova 组件中独立出来，成为 OpenStack 的独立项目。与 Keystone 项目一样，Placement 在 OpenStack 全景图中处于共享服务层，可以向 OpenStack 其他项目提供服务。然而，Placement 服务并不能完全取代 Nova 的 Scheduler 组件，因此，部署中即使启用了 Placement 服务，也需要启动 Scheduler，配合完成资源跟踪和筛选。

用户创建虚拟机时会提出资源需求，如 CPU、内存和硬盘容量需求，Placement 项目需要配合 Nova 完成虚拟机所在宿主机的筛选，Scheduler 筛选流程如图 4-4 所示。其主要分为过滤和权重两个步骤：首先，根据过滤规则（如硬盘容量大于 40GB）得出计算节点 Host1、Host2、Host4 和 Host6 满足要求；其次，对这 4 台物理主机进行权重优选，得出合适的宿主机为 Host6。

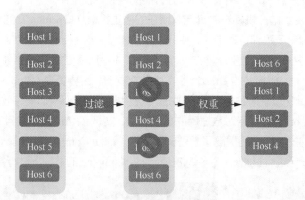

图 4-4　Scheduler 筛选流程

在该流程中，Nova 和 Placement 的配合方式如下：首先，Nova 的 Scheduler 组件负责从队列中获取虚拟机实例的请求；随后，Scheduler 向 Placement 发起请求，获取符合条件的计算节点列表和资源信息；再次，Placement 根据需求进行初步筛选，并将结果返回给 Scheduler；最后，Scheduler 确定将虚拟机实例部署在哪个计算节点上。

4.2.2 Nova 的工作流程

微课 4-2

Nova 的各个组件各自扮演着不同的角色，共同管理着虚拟机的全生命周期。下面以虚拟机创建为例，在不考虑 Placement 的情况下讲解 Nova 的工作流程，如图 4-5 所示。

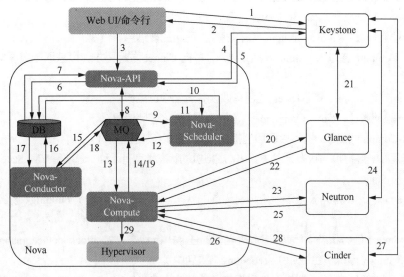

图 4-5　Nova 的工作流程

① 用户通过 Web UI/命令行发起创建虚拟机的请求，并通过 REST API 向 Keystone 提交授权请求。

② Keystone 对用户进行身份认证，认证通过后生成 Token 并返回给认证请求方。

③ 用户通过 Web UI/命令行调用 REST API，并附带授权 Token 向 Nova-API 发送虚拟机创建请求。

④ 接收到请求后，Nova-API 会向 Keystone 发送认证请求，验证 Token 的有效性。

⑤ Keystone 根据验证结果返回有效的认证和授权结果。

⑥ 通过认证后，Nova-API 和 DB 通信。

⑦ DB 初始化新建虚拟机的记录并返回消息给 Nova-API。

⑧ Nova-API 发送请求到消息队列（Message Queue，MQ），用于查询当前是否有可用的主机资源。

⑨ Nova-Scheduler 通过 MQ 获取 Nova-API 的请求。

⑩ Nova-Scheduler 通过查询 DB，获取计算资源的相关信息。采用过滤算法对计算资源进行筛选，以确定哪些主机能够满足虚拟机创建的需求。

⑪ Nova-Scheduler 负责更新 DB 中虚拟机对应的物理主机信息，确保数据的准确性和一致性。

⑫ Nova-Scheduler 通过 MQ 向 Nova-Compute 发送创建虚拟机的请求。

⑬ Nova-Compute 从 MQ 中获取虚拟机创建请求。

⑭ Nova-Compute 通过 MQ 向 Nova-Conductor 请求以获取有关虚拟机的消息。

⑮ Nova-Conductor 从 MQ 中获取 Nova-Compute 的请求。

⑯ Nova-Conductor 根据请求查询 DB 中对应虚拟机的信息。

⑰ Nova-Conductor 从 DB 中获得虚拟机信息。

⑱ Nova-Conductor 把虚拟机信息发送到 MQ 中。

⑲ Nova-Compute 从 MQ 中获得虚拟机信息。

⑳ Nova-Compute 经过 Keystone 认证，成功获取 Token，并据此请求 Glance 以获取创建虚拟机所需的镜像。

㉑ Glance 向 Keystone 求证 Token 是否有效，并返回验证结果。

㉒ Token 验证通过，Nova-Compute 获得虚拟机镜像信息。

㉓ Nova-Compute 通过 Keystone 获取 Token，并向 Neutron 请求相关的网络配置信息，以创建虚拟机。

㉔ Neutron 向 Keystone 求证 Token 是否有效，并返回验证结果。

㉕ Token 验证通过，Nova-Compute 获得虚拟机网络配置信息。

㉖ Nova-Compute 通过 Keystone 获取 Token，并向 Cinder 发起请求，以获取创建虚拟机所需的持久化存储信息。

㉗ Cinder 向 Keystone 求证 Token 是否有效，并返回验证结果。

㉘ Token 验证通过，Nova-Compute 获得虚拟机持久化存储信息。

㉙ Nova-Compute 根据实例信息调用虚拟化驱动程序以创建虚拟机。

在以上流程中，虚拟机的状态会发生变化，虚拟机的状态类型有 4 种，分别是 VM_State、Task_State、Status 和 Power_State。

① VM_State（虚拟机状态）：表示虚拟机当前的状态，如 active（活跃）、building（创建中）、deleted（已删除）。

② Task_State（任务状态）：表示虚拟机当前的任务执行状态，如 block_device_mapping（块设备映射中）、spawning（虚拟机生成中）、rebooting（重启中）。

③ Status（状态）：表示虚拟机对外呈现的整体状态，由 VM_State 和 Task_State 共同决定，如 VM_State 为 active，而 Task_State 为 rebooting，则 Status 为 reboot（重启）。

④ Power_State（电源状态）：表示从 Hypervisor 中获取的虚拟机的真实状态，如 running（运行中）、shutdown（关机）。

图 4-6 所示为已完成创建的 3 台虚拟机，其"Status"为"ACTIVE"、"Task State"为"-"、"Power State"为"Running"。

图 4-6　虚拟机状态

在数据库中可以看到 3 台虚拟机的"vm_state"均为"active"，如图 4-7 所示。

图 4-7　数据库中虚拟机的状态

4.2.3　常见的虚拟机操作

除了虚拟机创建之外，常见的虚拟机操作还包括虚拟机迁移、调整大小、挂起和恢复，其中迁移分为冷迁移和热迁移。

微课 4-3

冷迁移（Cold Migration）：在虚拟机处于关机或不可用的状态下，将其从一台物理服务器迁移至另一台物理服务器的操作。由于需要在虚拟机关机及启动过程中等待，因此冷迁移通常需要较长的迁移时间。

热迁移（Live Migration）：在虚拟机仍保持运行状态时，将其从一台物理服务器迁移至另一台物理服务器的操作。为了确保业务运行的连续性，热迁移通常需要在共享存储的环境中进行。如图 4-8 所示，host1 和 host2 共享存储，当 VM2 从 host1 迁移到 host2 时，用户将短暂地无法与虚拟机通信，仅有一瞬间无响应。

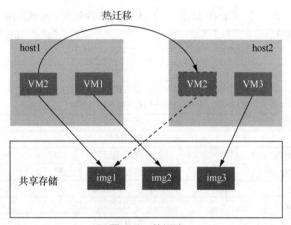

图 4-8　热迁移

调整大小（Resize）是指按需调整虚拟机资源的行为。在进行 Resize 操作时，必须确保新的 flavor（flavor 是 OpenStack 中的一种预定义的虚拟机规格，用于描述虚拟机的资源配置）配置大于旧的 flavor 配置。OpenStack 支持跨设备 Resize 操作，同时可以进行本地 Resize 操作。

在 OpenStack 中，虚拟机的挂起和恢复均有两种方式，如图 4-9 所示。挂起操作包括挂起（Suspend）和暂停（Pause）两种方式，恢复操作包括恢复（Resume）和取消暂停（Unpause）两种方式。

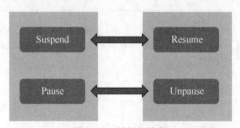

图 4-9　挂起和恢复

挂起指将虚拟机的当前状态保存到磁盘中，并将虚拟机的内存和 CPU 资源释放出来；与挂起不同的是，暂停虚拟机时，虚拟机的状态和资源并不会保存到磁盘中，但其内存和 CPU 资源会被保留。

4.2.4　OpenStack 虚拟机管理

OpenStack 虚拟机管理有命令行和 Web UI 两种方式。通过这两种方式，用户可以方便地查看虚拟机实例、编辑虚拟机配置、停止运行中的虚拟机、执行软重启和硬重启操作，以及删除不再需要的虚拟机实例。

1. 命令行方式

在控制节点上执行相应命令以实现虚拟机管理操作。示例如下。

```
openstack server create --flavor small --image cirros --network inside vm1
```

其中，--flavor 后的 small 表示虚拟机所采用的实例类型/规格，--image 后的 cirros 指定虚拟机所使用的镜像名称，--network 后的 inside 是虚拟机所配置的网络名称，vm1 是创建的虚拟机的名称。

OpenStack 虚拟机管理常用的命令及其作用如表 4-1 所示。

表 4-1　OpenStack 虚拟机管理常用的命令及其作用

命令	作用
openstack server create	创建虚拟机
openstack server delete	删除虚拟机
openstack server list	查看虚拟机列表
openstack server show	查看虚拟机详情
openstack server migrate	迁移虚拟机
openstack server resize	调整虚拟机资源
openstack server suspend	挂起虚拟机
openstack server resume	恢复虚拟机（继续或开始）
openstack server pause	暂停虚拟机
openstack server unpause	取消虚拟机暂停
openstack server set	设置虚拟机
openstack server start	启动虚拟机
openstack server stop	停止虚拟机
openstack server reboot	重启虚拟机

2. Web UI 方式

在控制节点的浏览器的地址栏中输入网址 http://controller/dashboard/project/instances，按 Enter 键进入创建虚拟机页面，如图 4-10 所示，左侧带*的选项是创建虚拟机时的必填项。

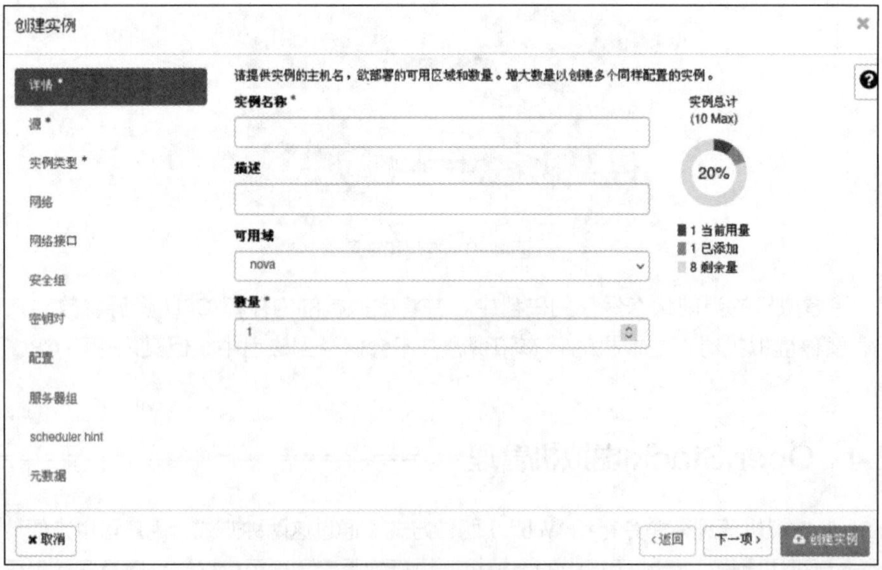

图 4-10　创建虚拟机页面

虚拟机控制台进入方式如图 4-11 所示。

图 4-11　虚拟机控制台进入方式

4.3　实验：OpenStack 虚拟机管理

（1）搭建实验拓扑

OpenStack 虚拟机管理实验的拓扑包括 2 台云主机和 2 个子网，其中 2 台云主机分别安装了 OpenStack 的控制节点（Controller）和计算节点（Compute），2 台云主机的 eth0 端口连接提供商网络（Provider Network）、eth1 端口连接管理数据网络（Management&Data Network），具体拓扑如图 4-12 所示。

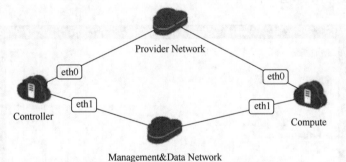

图 4-12　OpenStack 虚拟机管理实验拓扑

OpenStack 虚拟机管理实验环境信息如表 4-2 所示。

表 4-2　OpenStack 虚拟机管理实验环境信息

设备名称	软件环境（镜像）	硬件环境
Controller	OpenStack Rocky Controller 桌面版	CPU：4 核。 内存：8GB。 磁盘：80GB
Compute	OpenStack Rocky Compute 桌面版	CPU：4 核。 内存：6GB。 磁盘：80GB

续表

设备名称	软件环境（镜像）	硬件环境
Provider Network	—	子网网段：30.0.1.0/24。 网关地址：30.0.1.1。 DHCP 服务：On
Management&Data Network	—	子网网段：30.0.2.0/24。 网关地址：30.0.2.1。 DHCP 服务：Off

（2）实验准备

① 登录控制节点，进入 OpenStack Web 页面。

② 选择页面左侧导航栏中的"项目>计算>镜像"选项，查看镜像信息，如图 4-13 所示。

图 4-13　查看镜像信息

③ 选择页面左侧导航栏中的"项目>网络>网络"选项，单击右上方的"创建网络"按钮，填写网络名称，如图 4-14 所示，单击"下一步"按钮。

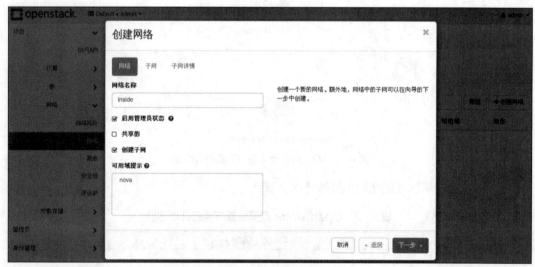

图 4-14　填写网络名称

勾选"启用管理员状态"复选框表示管理员状态是自动启用的，勾选"创建子网"复选框表示创建子网。

④ 在"子网"选项卡中填写子网信息，如图 4-15 所示，单击"下一步"按钮。

图 4-15　填写子网信息

其中，"网络地址"为创建子网的 IP 地址范围，"IP 版本"为"IPv4"。

⑤ 在"子网详情"选项卡中单击"已创建"按钮，如图 4-16 所示。

图 4-16　"子网详情"选项卡

网络创建完成，如图 4-17 所示。

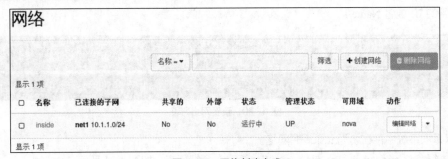

图 4-17　网络创建完成

⑥ 选择页面左侧导航栏中的"管理员>计算>实例类型"选项，进入实例类型管理页面，单击"创建实例类型"按钮，进入创建实例类型页面，填写实例类型相关信息，如图 4-18 所示。其中，"名称"为 myflavor、"vCPU 数量"为 1、"内存"为 512MB、"根磁盘"为 3GB。

图 4-18　填写实例类型相关信息

⑦ 单击"创建实例类型"按钮，实例类型创建完成，如图 4-19 所示。

	实例类型名称	vCPU数量	内存	根磁盘 ▾	临时磁盘	Swap磁盘	RX/TX 因子	ID	公有	元数据	动作
☐	myflavor	1	512MB	3 GB	0 GB	0 MB	1.0	0f7ab991-1caa-4c44-bac1-dc9a301dfe2b	Yes	No	更新元数据 ▾

图 4-19　实例类型创建完成

（3）使用命令行方式管理虚拟机
● 创建虚拟机。
① 登录控制节点，打开命令行窗口，执行命令 **su root** 切换到 root 用户。
② 执行如下命令，进入 root 的家目录，并获取 admin 权限。

```
# cd
# . admin-openrc
```

③ 执行命令 **openstack network list** 查看网络列表，如图 4-20 所示，获取创建虚拟机时需要的 net-id（即查询到的 ID 或者 Name）。

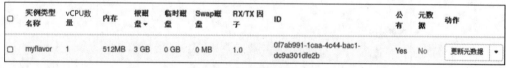

图 4-20　查看网络列表

可以看到系统中存在名为 inside 的网络。

④ 执行命令 **openstack security group list** 查看安全组列表，如图 4-21 所示。

```
[root@controller ~]# openstack security group list
+--------------------------------------+----------------+-------------+----------------------------------+------+
| ID                                   | Name           | Description | Project                          | Tags |
+--------------------------------------+----------------+-------------+----------------------------------+------+
| 0f93399b-6c40-4385-8ffa-de507aa08a31 | 1to3           | 1to3        | 3e8781397e5c40678f10c9d85f228dec | []   |
| 735974e4-9ecf-4501-bba8-8d9c4e141425 | allow-external |             | 3e8781397e5c40678f10c9d85f228dec | []   |
| 758ed18b-fab1-4998-a358-324b5052b07f | default        | 缺省安全组  | 3e8781397e5c40678f10c9d85f228dec | []   |
| c08bc265-0fe6-4e0d-b5ce-ccae042b017a | out            | out         | 3e8781397e5c40678f10c9d85f228dec | []   |
| cad3bacc-a75a-4147-ae7c-9b2cf26abeca | default        | 缺省安全组  |                                  | []   |
| f372ad6f-0261-4a82-ab1d-e782f8affcf9 | default        | 缺省安全组  | 09510cb4d1954123becc2c5d4ffca235 | []   |
| f94451af-e6ee-4cfe-8fc5-617eb5ce60ab | default        | 缺省安全组  | 948439e71df1463d97b14e359108c947 | []   |
+--------------------------------------+----------------+-------------+----------------------------------+------+
```

图 4-21　查看安全组列表

可以看到目前系统中有 7 个安全组。

⑤ 执行如下命令创建两台虚拟机，如图 4-22 和图 4-23 所示。

```
# openstack server create --flavor small --image cirros --nic net-id=1c7b58ce-19a1-4f6b-8a50-4da5d07a03e1 vm1
# openstack server create --flavor small --image cirros --nic net-id=1c7b58ce-19a1-4f6b-8a50-4da5d07a03e1 vm2
```

其中，--flavor 后接虚拟机使用的规格名称，--image 后接虚拟机使用的镜像名称，--nic net-id 后接虚拟机使用的网络号/网络名称（需根据自己的环境修改）。

```
[root@controller ~]# openstack server create --flavor small --image cirros --nic net-id=1c7b58ce-19a1-4f6b-8a50-4da5d07a03e1 vm1
+-------------------------------------+------------------------------------------------+
| Field                               | Value                                          |
+-------------------------------------+------------------------------------------------+
| OS-DCF:diskConfig                   | MANUAL                                         |
| OS-EXT-AZ:availability_zone         |                                                |
| OS-EXT-SRV-ATTR:host                | None                                           |
| OS-EXT-SRV-ATTR:hypervisor_hostname | None                                           |
| OS-EXT-SRV-ATTR:instance_name       |                                                |
| OS-EXT-STS:power_state              | NOSTATE                                        |
| OS-EXT-STS:task_state               | scheduling                                     |
| OS-EXT-STS:vm_state                 | building                                       |
| OS-SRV-USG:launched_at              | None                                           |
| OS-SRV-USG:terminated_at            | None                                           |
| accessIPv4                          |                                                |
| accessIPv6                          |                                                |
| addresses                           |                                                |
| adminPass                           | 6K66JhsH6gfS                                   |
| config_drive                        |                                                |
| created                             | 2024-01-15T06:10:35Z                           |
| flavor                              | small (e3b284a2-1e53-4d98-ae59-559dd532ab74)   |
| hostId                              |                                                |
| id                                  | e7213d4b-57a6-47bb-8d08-7e3fea08cd9a           |
| image                               | cirros (951f9e34-4faa-4d1b-a8bd-2b4ddb4d5d57)  |
| key_name                            | None                                           |
| name                                | vm1                                            |
| progress                            | 0                                              |
```

图 4-22　创建虚拟机 vm1

```
[root@controller ~]# openstack server create --flavor small --image cirros --nic net-id=1c7b58ce-19a1-4f6b-8a50-4da5d07a03e1 vm2
+-------------------------------------+------------------------------------------------+
| Field                               | Value                                          |
+-------------------------------------+------------------------------------------------+
| OS-DCF:diskConfig                   | MANUAL                                         |
| OS-EXT-AZ:availability_zone         |                                                |
| OS-EXT-SRV-ATTR:host                | None                                           |
| OS-EXT-SRV-ATTR:hypervisor_hostname | None                                           |
| OS-EXT-SRV-ATTR:instance_name       |                                                |
| OS-EXT-STS:power_state              | NOSTATE                                        |
| OS-EXT-STS:task_state               | scheduling                                     |
| OS-EXT-STS:vm_state                 | building                                       |
| OS-SRV-USG:launched_at              | None                                           |
| OS-SRV-USG:terminated_at            | None                                           |
| accessIPv4                          |                                                |
| accessIPv6                          |                                                |
| addresses                           |                                                |
| adminPass                           | mUaRh7sJ23JZ                                   |
| config_drive                        |                                                |
| created                             | 2024-01-15T06:16:17Z                           |
| flavor                              | small (e3b284a2-1e53-4d98-ae59-559dd532ab74)   |
| hostId                              |                                                |
| id                                  | a099326c-298c-46e5-8e83-7ac8e7b4e034           |
| image                               | cirros (951f9e34-4faa-4d1b-a8bd-2b4ddb4d5d57)  |
| key_name                            | None                                           |
| name                                | vm2                                            |
```

图 4-23　创建虚拟机 vm2

⑥ 执行命令 **openstack server list** 查看虚拟机列表，如图 4-24 所示。

```
[root@controller ~]# openstack server list
+--------------------------------------+------+--------+-------------------+--------+--------
+
| ID                                   | Name | Status | Networks          | Image  | Flavor
|
+--------------------------------------+------+--------+-------------------+--------+--------
+
| a099326c-298c-46e5-8e83-7ac8e7b4e034 | vm2  | ACTIVE | inside=10.1.1.21  | cirros | small
|
| e7213d4b-57a6-47bb-8d08-7e3fea08cd9a | vm1  | ACTIVE | inside=10.1.1.8   | cirros | small
|
+--------------------------------------+------+--------+-------------------+--------+--------
```

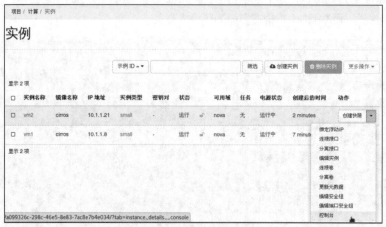

图 4-24　查看虚拟机列表

可以看到虚拟机创建成功，其中虚拟机 vm1 的 IP 地址为 10.1.1.8，虚拟机 vm2 的 IP 地址为 10.1.1.21。

⑦ 在浏览器中，选择页面左侧导航栏中的“项目>计算>实例”选项，选择需要操作的虚拟机，单击“创建快照”右侧的下拉按钮，在下拉列表中选择“控制台”选项，如图 4-25 所示。

图 4-25　选择“控制台”选项

⑧ 选择“控制台”选项卡，进入虚拟机的控制台。

⑨ 根据提示输入用户名 cirros 和密码 cubswin:)，分别登录两台虚拟机，执行命令 **ip a** 查看虚拟机的 IP 地址，如图 4-26 和图 4-27 所示。

```
$ ip a
1: lo: <LOOPBACK,UP,LOWER_UP> mtu 16436 qdisc noqueue
    link/loopback 00:00:00:00:00:00 brd 00:00:00:00:00:00
    inet 127.0.0.1/8 scope host lo
    inet6 ::1/128 scope host
       valid_lft forever preferred_lft forever
2: eth0: <BROADCAST,MULTICAST,UP,LOWER_UP> mtu 1400 qdisc pfifo_fast qlen 1000
    link/ether fa:16:3e:7e:c1:73 brd ff:ff:ff:ff:ff:ff
    inet 10.1.1.8/24 brd 10.1.1.255 scope global eth0
    inet6 fe80::f816:3eff:fe7e:c173/64 scope link
       valid_lft forever preferred_lft forever
```

图 4-26　登录 vm1 并查看其 IP 地址

```
$ ip a
1: lo: <LOOPBACK,UP,LOWER_UP> mtu 16436 qdisc noqueue
    link/loopback 00:00:00:00:00:00 brd 00:00:00:00:00:00
    inet 127.0.0.1/8 scope host lo
    inet6 ::1/128 scope host
       valid_lft forever preferred_lft forever
2: eth0: <BROADCAST,MULTICAST,UP,LOWER_UP> mtu 1400 qdisc pfifo_fast qlen 1000
    link/ether fa:16:3e:ac:36:ec brd ff:ff:ff:ff:ff:ff
    inet 10.1.1.21/24 brd 10.1.1.255 scope global eth0
    inet6 fe80::f816:3eff:feac:36ec/64 scope link
       valid_lft forever preferred_lft forever
```

图 4-27　登录 vm2 并查看其 IP 地址

说明 如果控制台无响应，则要单击页面下面的灰色状态栏。

- 操作虚拟机。

① 在控制节点中，执行如下命令暂停虚拟机 vm1 并查看是否暂停成功，如图 4-28 所示。

```
# openstack server pause vm1
# openstack server list
```

```
[root@controller ~]# openstack server pause vm1
[root@controller ~]# openstack server list
+--------------------------------------+------+--------+-----------------+--------+--------+
| ID                                   | Name | Status | Networks        | Image  | Flavor |
+--------------------------------------+------+--------+-----------------+--------+--------+
| a099326c-298c-46e5-8e83-7ac8e7b4e034 | vm2  | ACTIVE | inside=10.1.1.21| cirros | small  |
| e7213d4b-57a6-47bb-8d08-7e3fea08cd9a | vm1  | PAUSED | inside=10.1.1.8 | cirros | small  |
+--------------------------------------+------+--------+-----------------+--------+--------+
```

图 4-28 暂停虚拟机 vm1 并查看是否暂停成功

② 执行如下命令恢复虚拟机 vm1 并查看是否恢复成功，如图 4-29 所示。

```
# openstack server unpause vm1
# openstack server list
```

```
[root@controller ~]# openstack server unpause vm1
[root@controller ~]# openstack server list
+--------------------------------------+------+--------+-----------------+--------+--------+
| ID                                   | Name | Status | Networks        | Image  | Flavor |
+--------------------------------------+------+--------+-----------------+--------+--------+
| a099326c-298c-46e5-8e83-7ac8e7b4e034 | vm2  | ACTIVE | inside=10.1.1.21| cirros | small  |
| e7213d4b-57a6-47bb-8d08-7e3fea08cd9a | vm1  | ACTIVE | inside=10.1.1.8 | cirros | small  |
+--------------------------------------+------+--------+-----------------+--------+--------+
```

图 4-29 恢复虚拟机 vm1 并查看是否恢复成功

③ 执行如下命令挂起虚拟机 vm1 并查看是否挂起成功，如图 4-30 所示。

```
# openstack server suspend vm1
# openstack server list
```

```
[root@controller ~]# openstack server suspend vm1
[root@controller ~]# openstack server list
+--------------------------------------+------+-----------+-----------------+--------+--------+
| ID                                   | Name | Status    | Networks        | Image  | Flavor |
+--------------------------------------+------+-----------+-----------------+--------+--------+
| a099326c-298c-46e5-8e83-7ac8e7b4e034 | vm2  | ACTIVE    | inside=10.1.1.21| cirros | small  |
| e7213d4b-57a6-47bb-8d08-7e3fea08cd9a | vm1  | SUSPENDED | inside=10.1.1.8 | cirros | small  |
+--------------------------------------+------+-----------+-----------------+--------+--------+
```

图 4-30 挂起虚拟机 vm1 并查看是否挂起成功

④ 执行如下命令恢复虚拟机 vm1 并查看是否恢复成功，如图 4-31 所示。

```
# openstack server resume vm1
# openstack server list
```

```
[root@controller ~]# openstack server resume vm1
[root@controller ~]# openstack server list
+----------------------------------+------+--------+-----------------+--------+--------+
| ID                               | Name | Status | Networks        | Image  | Flavor |
+----------------------------------+------+--------+-----------------+--------+--------+
| a099326c- 298c- 46e5- 8e83- 7ac8e7b4e034 | vm2  | ACTIVE | inside=10.1.1.21 | cirros | small  |
| e7213d4b- 57a6- 47bb- 8d08- 7e3fea08cd9a | vm1  | ACTIVE | inside=10.1.1.8  | cirros | small  |
+----------------------------------+------+--------+-----------------+--------+--------+
```

图 4-31　恢复虚拟机 vm1 并查看是否恢复成功

⑤ 执行如下命令删除虚拟机 vm2 并查看是否删除成功，如图 4-32 所示。

```
# openstack server delete vm2
# openstack server list
```

```
[root@controller ~]# openstack server delete vm2
[root@controller ~]# openstack server list
+----------------------------------+------+--------+-----------------+--------+--------+
| ID                               | Name | Status | Networks        | Image  | Flavor |
+----------------------------------+------+--------+-----------------+--------+--------+
| e7213d4b- 57a6- 47bb- 8d08- 7e3fea08cd9a | vm1  | ACTIVE | inside=10.1.1.8  | cirros | small  |
+----------------------------------+------+--------+-----------------+--------+--------+
```

图 4-32　删除虚拟机 vm2 并查看是否删除成功

（4）使用 Web UI 方式管理虚拟机

● 创建虚拟机。

① 登录控制节点，进入 OpenStack Web 页面，选择页面左侧导航栏中的"项目>计算>实例"选项，查看实例列表，如图 4-33 所示，单击右上方的"创建实例"按钮。

图 4-33　查看实例列表

② 填写实例名称，如 vm2，如图 4-34 所示。

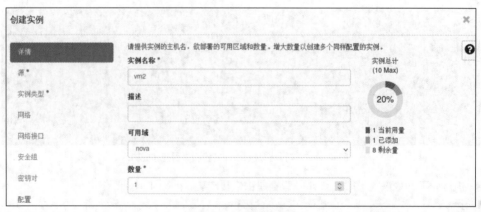

图 4-34　填写实例名称

③ 单击"下一项"按钮，选择镜像文件，这里选择"cirros"镜像，如图 4-35 所示。

图 4-35　选择镜像文件

④ 单击"下一项"按钮，选择实例类型，这里选择"myflavor"，如图 4-36 所示。

图 4-36　选择实例类型

⑤ 单击"下一项"按钮，选择网络，这里选择"inside"，如图 4-37 所示。

图 4-37　选择网络

⑥ 单击"创建实例"按钮，实例创建成功，如图 4-38 所示。

□	实例名称	镜像名称	IP 地址	实例类型	密钥对	状态		可用域	任务	电源状态	创建后的时间	动作
□	vm2	-	10.1.1.20	myflavor	-	运行	🔓	nova	无	运行中	0 minutes	创建快照 ▾
□	vm1	cirros	10.1.1.8	small	-	运行	🔓	nova	无	运行中	32 minutes	创建快照 ▾

图 4-38　实例创建成功

- 操作虚拟机。

① 选择需要操作的虚拟机，单击"创建快照"右侧的下拉按钮，在下拉列表中选择"控制台"选项，如图 4-39 所示。

	实例名称	镜像名称	IP 地址	实例类型	密钥对	状态		可用域	任务	电源状态	创建后的时间	动作
☐	vm2	-	10.1.1.20	myflavor	-	运行	🔓	nova	无	运行中	0 minutes	创建快照 ▾
												绑定浮动IP
☐	vm1	cirros	10.1.1.8	small	-	运行	🔓	nova	无	运行中	32 mi	连接接口
												分离接口
显示 2 项												编辑实例
												连接卷
												分离卷
												更新元数据
												编辑安全组
												编辑端口安全组
												控制台
												查看日志

图 4-39　选择"控制台"选项

② 选择"控制台"选项卡，进入虚拟机的控制台，如图 4-40 所示。

图 4-40　虚拟机的控制台

③ 根据提示输入用户名 cirros 和密码 cubswin:)，登录虚拟机 vm2，如图 4-41 所示。

```
login as 'cirros' user. default password: 'cubswin:)'. use 'sudo' for root.
vm2 login: cirros
Password:
$
```

图 4-41　登录虚拟机 vm2

 说 明　如果控制台无响应，则要单击页面下面的灰色状态栏。

④ 执行命令 **ip a** 查看虚拟机的 IP 地址，如图 4-42 所示。

```
$ ip a
1: lo: <LOOPBACK,UP,LOWER_UP> mtu 16436 qdisc noqueue
    link/loopback 00:00:00:00:00:00 brd 00:00:00:00:00:00
    inet 127.0.0.1/8 scope host lo
    inet6 ::1/128 scope host
       valid_lft forever preferred_lft forever
2: eth0: <BROADCAST,MULTICAST,UP,LOWER_UP> mtu 1400 qdisc pfifo_fast qlen 1000
    link/ether fa:16:3e:e8:fc:7c brd ff:ff:ff:ff:ff:ff
    inet 10.1.1.20/24 brd 10.1.1.255 scope global eth0
    inet6 fe80::f816:3eff:fee8:fc7c/64 scope link
       valid_lft forever preferred_lft forever
```

图 4-42　查看虚拟机的 IP 地址

⑤ 单击"创建快照"右侧的下拉按钮，在下拉列表中选择"暂停实例"选项，如图 4-43 所示。

图 4-43　选择"暂停实例"选项

⑥ 暂停虚拟机 vm2，暂停 vm2 后的实例列表如图 4-44 所示。

□	实例名称	镜像名称	IP 地址	实例类型	密钥对	状态		可用域	任务	电源状态	创建后的时间	动作
□	vm2	-	10.1.1.20	myflavor	-	暂停	🔓	nova	无	已暂停	4 minutes	创建快照 ▼
□	vm1	cirros	10.1.1.8	small	-	运行	🔓	nova	无	运行中	36 minutes	创建快照 ▼

图 4-44　暂停 vm2 后的实例列表

⑦ 单击"创建快照"右侧的下拉按钮，在下拉列表中选择"恢复实例"选项，如图 4-45 所示。

图 4-45　选择"恢复实例"选项

⑧ 恢复虚拟机 vm2，恢复 vm2 后的实例列表如图 4-46 所示。

57

图 4-46　恢复 vm2 后的实例列表

⑨　单击"创建快照"右侧的下拉按钮，在下拉列表中选择"挂起实例"选项，如图 4-47 所示。

图 4-47　选择"挂起实例"选项

⑩　挂起虚拟机 vm2，挂起 vm2 后的实例列表如图 4-48 所示。

图 4-48　挂起 vm2 后的实例列表

⑪　单击"创建快照"右侧的下拉按钮，在下拉列表中选择"删除实例"选项，如图 4-49 所示。

图 4-49　选择"删除实例"选项

⑫ 删除虚拟机 vm2，删除 vm2 后的实例列表如图 4-50 所示。

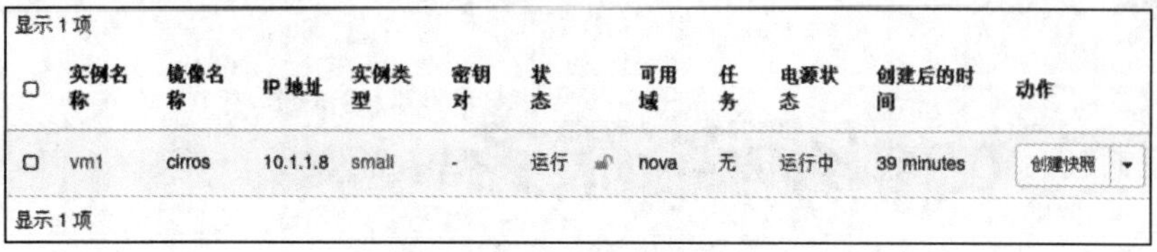

	实例名称	镜像名称	IP 地址	实例类型	密钥对	状态		可用域	任务	电源状态	创建后的时间	动作
显示 1 项												
☐	vm1	cirros	10.1.1.8	small	-	运行	🔓	nova	无	运行中	39 minutes	创建快照 ▼
显示 1 项												

图 4-50　删除 vm2 后的实例列表

4.4　小结

本模块主要讲解了 OpenStack 的计算服务 Nova。首先，介绍了 Nova 的架构和组件。随后，以虚拟机创建为例，详细讲解了 Nova 的工作流程，虚拟机的状态变化及常见的虚拟机操作。最后，在实验部分，通过命令行与 Web UI 两种方式深入讲解了虚拟机管理的核心要点。通过本模块的学习，读者将能够对 OpenStack 云计算平台的计算服务有更全面、深入的认识，进而更好地运用和管理 OpenStack 云计算平台的计算资源。

模块 5
OpenStack网络服务（Neutron）

05

学习目标

【知识目标】

计算资源、网络资源和存储资源是 OpenStack 开源项目的三大核心资源，其中网络资源是管理其他资源的必要条件。Neutron 作为 OpenStack 的重要组成部分，为构建虚拟化网络提供了一个灵活的框架，并确保了虚拟网络的互联互通。

对于 OpenStack 网络服务，需要掌握以下知识。

- OpenStack 网络服务的基本概念。
- Neutron 的架构和组件。
- Neutron 网络资源。
- Neutron 网络实现模型。
- Neutron 网络流量分析。
- OpenStack 网络管理。

【技能目标】

- 能够用命令行方式创建和管理虚拟网络、子网、路由器。
- 能够用 Web UI 方式创建和管理虚拟网络、子网、路由器。
- 能够用命令行方式完成网络连通性测试。

5.1 情景引入

经过多年稳健的发展，优速网络公司的规模日益扩大，其在云端的服务也日益增多。为实现缩小广播域并提高服务访问效率的目标，公司希望 4 个核心部门的云端服务分别部署在不同的网段。小王在接到这项任务后，面临基于 OpenStack 在物理服务器内部规划并实现多网段互访的挑战。此外，他在使用 OpenStack 创建计算资源时发现，需要指定所用的网络资源，因此，他对如何高效管理这些网络资源进行了学习和深入思考。

小王了解到 OpenStack 借助网络服务 Neutron 实现网络管理。为了更高效地运维公司私有云计算平台，他需要深入理解和熟练掌握 OpenStack 网络服务 Neutron。正因为 Neutron 的支持，OpenStack 得以实现对物理服务器内部资源的管理，确保虚拟资源之间的互联互通。

作为 OpenStack 的核心组件，Neutron 涵盖了二层交换、三层路由、防火墙和虚拟专用网络（Virtual Private Network，VPN）等全方位网络功能，为整个 OpenStack 环境提供了灵活的网络架构和可靠的网络保障。基于上述 Neutron 所提供的网络功能，小王将继续探索和实践，以满足公司对云端服务多网段部署的需求，并有效管理网络资源，为公司的数字化转型贡献力量。

5.2 相关知识

5.2.1 Neutron 概述

在早期版本的 OpenStack 中，网络服务集成在 Nova 中，也就是 Nova-Network。随后，鉴于网络类型的多样性、拓扑结构的灵活性、插件的多样性和可扩展性等方面的需求，网络服务从 Nova 中独立出来，成为专用网络项目 Quantum。在 Havana 版本的 OpenStack 中，Quantum 项目更名为 Neutron。

微课 5-1

Neutron 为 OpenStack 中的其他服务提供网络功能，包括创建和管理网络、交换机、子网、路由器、防火墙及 VPN 等。借助 Neutron，用户能够在物理服务器内轻松地规划、设计私有网络地址段并保证网络的连通性。

Neutron 允许各个项目独立配置和管理多个私有网络，这些私有网络的地址规划可根据项目的实际需求进行调整，同时可与其他项目共享地址空间。此设计有助于更好地满足多租户环境下的网络需求，提高网络资源利用率。在不考虑 Neutron 架构、部署等复杂实现的前提下，Neutron 网络拓扑可简化为外部网络（External Network）、物理网络（Physical Network）、OpenStack 运营商网络（OpenStack Provider Network）、虚拟路由器（Virtual Router）及自助服务网络（Self-service Network）的连接，Neutron 网络简化拓扑如图 5-1 所示。

图 5-1 Neutron 网络简化拓扑

① 外部网络：OpenStack 所在物理网络连接的互联网服务提供商（Internet Service Provider，ISP）网络，用于提供联网能力，该网络不在 Neutron 管理范围内。

② 物理网络：部署 OpenStack 的物理服务器所在的网络，包括物理交换机、物理路由器等硬件设备，该网络不在 Neutron 管理范围内。

③ OpenStack 运营商网络 ：由 OpenStack 运营商创建，可以在多个租户之间共享，其作用是将虚拟网络映射到数据中心的物理网络，并依赖于物理网络与外部网络进行连接。

④ 虚拟路由器：由 OpenStack 云环境中的用户创建并管理，用于实现跨网段互访功能，是 Neutron 提供的三层网络抽象，负责在网络层进行 IP 地址的路由和数据包的转发。

⑤ 自助服务网络：由 OpenStack 云环境中的用户自行创建并管理的虚拟网络，包括虚拟交换机、虚拟路由器、虚拟网络接口等。

基于此网络拓扑，虚拟机之间的网络流量模型主要有以下 3 种。

① 同网段虚拟机之间直接通过所在的自助服务网络实现互访。

② 跨网段虚拟机互访时的流量路径为自助服务网络 1—虚拟路由器—自助服务网络 2，其中，自助服务网络 1 和自助服务网络 2 分别是两个不同网段虚拟机所在的网络。

③ 虚拟机访问互联网时的流量路径为自助服务网络—虚拟路由器—OpenStack 运营商网络—物理网络—外部网络。

5.2.2 Neutron 的架构和组件

Neutron 采用插件架构来提升可扩展性，若 Neutron 实现模型采用控制节点、网络节点和计算节点的部署模式，则其架构如图 5-2 所示，主要包括 Neutron 服务（Neutron Server）和各种代理（Agent）。

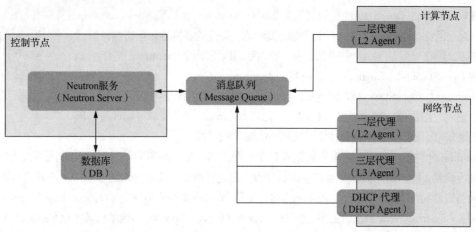

图 5-2　Neutron 的架构

Neutron Server 负责对外提供 Neutron API、接收外部请求并调用插件（Plug-in）处理请求，其分层架构如图 5-3 所示。

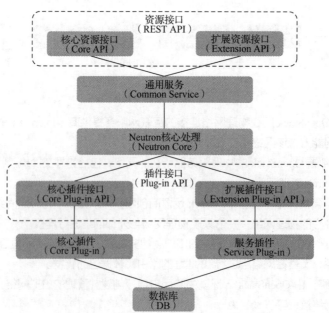

图 5-3　Neutron Server 的分层架构

Neutron Server 的分层架构主要包含以下 4 个层次。

① REST API：面向用户提供接口，包含 Core API 和 Extension API。其中，Core API 负责提供网络、子网和端口等核心资源的 REST API，而 Extension API 负责为路由器、负载均衡器、防火墙、安全组等扩展资源提供相应的 REST API。

② Common Service：负责校验及认证来自上层的 API 请求。

③ Neutron Core：负责调用相应的 Plug-in 接口模块处理来自上层的请求。

④ Plug-in API：提供调用 Plug-in 的接口，包含 Core Plug-in API 和 Extension Plug-in API 两种类型，分别对应两种类型。

Plug-in 负责管理虚拟网络中的各种资源，并通过远程过程调用（Remote Procedure Call，RPC）调用代理处理请求。根据功能不同，Plug-in 分为 Core Plug-in 和 Service Plug-in 两种。

Core Plug-in 负责提供 L2（二层网络）虚拟网络功能，并对网络进行管理及维护。在 OpenStack 的 Havana 版本中，为解决 Plug-in 与 Agent 一对一映射导致的部署灵活性受限问题，OpenStack 提出并实现了一种名为 ML2（Modular Layer 2）的新核心插件（Core Plug-in），使得不同节点能够部署不同 Agent，从而实现更高的灵活性。此外，为了减少 Core Plug-in 之间的重复代码，ML2 将二层网络类型与底层网络解耦，分别对应 Type Drivers 和 Mechanism Drivers，ML2 的结构如图 5-4 所示。

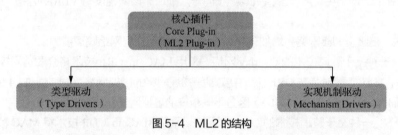

图 5-4　ML2 的结构

① Type Drivers：负责管理网络类型并维护网络状态，网络类型包括 Local、Flat、GRE、VLAN、VXLAN、GENEVE 等。

② Mechanism Drivers：负责底层网络实现机制，底层网络实现机制包括 Linux Bridge、Open vSwitch 等。

Service Plug-in 负责提供三层及三层以上的网络服务，涵盖了三层服务插件（L3 Service Plug-in）、负载均衡插件（Load Balance Plug-in）、防火墙插件（Firewall Plug-in）和虚拟私有网络插件（VPN Plug-in）。

① L3 Service Plug-in：负责提供路由及浮动 IP 服务。

② Load Balance Plug-in：负责提供负载均衡服务。

③ Firewall Plug-in：负责提供防火墙服务。

④ VPN Plug-in：负责提供 VPN 服务。

Plug-in 负责接收来自用户的请求，并依据请求中所包含的信息调用相应的 Agent，从而实现各类网络功能。

① L2 Agent：负责将端口和设备连接，使它们处于同一广播域内，包括 Linux Bridge Agent、Open vSwitch Agent 等。本质上，其通过使用 Linux Bridge、Open vSwitch 或其他厂商的技术，为每个项目提供独立的二层网络服务。

② L3 Agent：负责处理和实现路由功能，包括对外部网络的路由功能及网络地址转换（Network

Address Translation，NAT）功能。

③ DHCP Agent：负责为虚拟机提供动态主机配置协议（Dynamic Host Configuration Protocol，DHCP）服务，为虚拟机分配 IP 地址和其他网络配置信息。

④ Metadata Agent（Neutron 元数据代理）：负责提供元数据服务，主要包括虚拟机自身相关数据，如主机名、安全外壳（Secure Shell，SSH）密钥和网络配置等。

5.2.3 Neutron 网络资源

微课 5-2

Neutron 并不具备直接实现网络功能的能力，而是通过配置和驱动 Linux 相关功能来实现网络功能，其本质在于成为 OpenStack 中的网络资源管理和控制系统。Neutron 管理的对象是网络资源，包括网络、子网、端口和虚拟路由器等。

① 网络：与物理网络中的概念不同，OpenStack 中的网络是一个二层概念的虚拟网络单元，由 OpenStack 用户创建和管理，可通过 Linux Bridge、Open vSwitch 实现，类似于物理网络中的二层网络。Neutron 支持以下多种网络类型。

- Local：在 Local 网络中，虚拟机与其他网络和节点是隔离的，仅能与位于同一节点上同一网络的虚拟机进行通信。

- Flat：在 Flat 网络中，所有虚拟机均处于同一广播域，该网络没有 VLAN 功能，不具备二层网络隔离能力。

- VLAN：相比于 Flat 网络，增加了 VLAN 功能，具备二层网络隔离能力。

- GRE：一种基于隧道技术的 Overlay 网络，采用 MAC in GRE 技术将介质访问控制（Medium Access Control，MAC）帧封装在 GRE 协议中实现跨物理网络的虚拟网络互联，通过 24 位的虚拟子网标识符（Virtual Subnet Identifier，VSID）区分不同租户的虚拟网络。

- VXLAN：一种基于隧道技术的 Overlay 网络，采用 MAC in UDP 技术将 MAC 帧封装在 UDP 中实现跨物理网络的虚拟网络互联，通过 24 位的 VXLAN 网络标识符（VXLAN Network Identifier，VNI）区分不同租户的虚拟网络。

- GENEVE：一种基于隧道技术的 Overlay 网络，与 VXLAN 相似，同样采用 MAC in UDP 封装方式，并通过 24 位的 VNI 区分不同租户的虚拟网络。然而，GENEVE 在技术上进行了改进，增加了版本号用于标识技术版本的演进，同时引入了可变长字段，增强了网络的可扩展性。

② 子网：在物理网络中，子网指的是某个具体的 IP 网段，用来标识一组 IP 地址范围。而在 OpenStack 云计算环境中，子网的概念略有不同。在 OpenStack 中，子网不仅代表某个网段，还包含了其他相关的配置信息，如网关、DHCP 服务、动态地址池资源及域名系统（Domain Name System，DNS）信息等。需要注意的是，在 OpenStack 中，子网必须与网络关联。

③ 端口：设备与虚拟网络的连接点，这里的设备可以是虚拟机、路由器或 DHCP 服务等，它描述了该虚拟端口使用的 MAC 地址和 IP 地址信息。一个网络中可能会包含一个或多个端口信息。

④ 虚拟路由器：OpenStack 环境中虚拟出来的路由器，用于在虚拟网络中实现物理网络环境中路由器的功能，并通过命名空间（Namespace）实现网络隔离。虚拟路由器在不同自助服务网络之间，以及自助服务网络和 OpenStack 运营商网络之间提供路由功能，确保数据包在不同网段间正确传输。此外，虚拟路由器还具备源网络地址转换（Source Network Address Translation，SNAT）和目的网络地址转换（Destination Network Address Translation，DNAT）功能，允许 OpenStack 内的实例访问外部网络，同时支持外部网络对 OpenStack 内的实例进行访问。

5.2.4　Neutron 网络实现模型

Neutron 网络实现模型如图 5-5 所示。

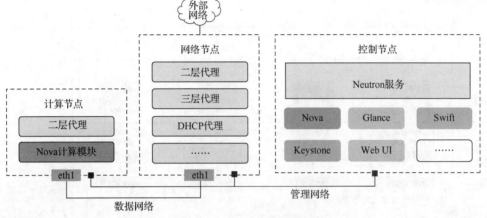

图 5-5　Neutron 网络实现模型

其中，管理网络负责不同节点之间控制信息的传递；数据网络负责用户跨节点转发的数据流量，即自助服务网络；外部网络负责接收、处理 OpenStack 云计算平台与外部网络的通信流量。

控制节点中部署了 OpenStack 的各项目，如 Nova、Glance、Keystone 和 Swift 等。Neutron 项目在控制节点上表现为 Neutron Server，该服务主要负责接收和处理 OpenStack 用户关于网络的 API 请求。网络节点中部署了多种网络服务的代理，用以实现 DHCP 服务和路由功能等。计算节点中也部署了网络服务的代理，通常为二层代理，主要负责实现交换机功能及虚拟机的连接等。

若采用 Open vSwitch 作为二层虚拟网络设备，则网络节点的具体实现模型如图 5-6 所示。从网络视角观察，网络节点可划分为 4 个层次：用户网络层、本地网络层、网络服务层和外部网络层。

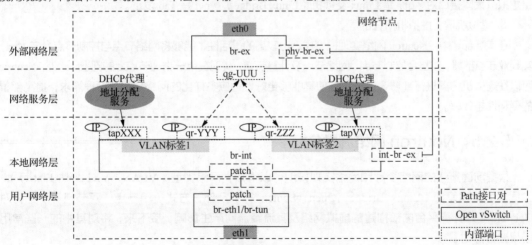

图 5-6　网络节点的具体实现模型

① 用户网络层：承担与其他节点互联互通的任务，并负责接入本地网络。此层使用 br-eth1/br-tun 与计算节点连接，并通过 patch 类型接口与本地网络层的 br-int 连接。

② 本地网络层：负责各种网络服务的接入。此层使用 br-int 连接用户网络层及网络服务层。

③ 网络服务层：负责为计算节点的虚拟机提供网络服务，包括典型的地址分配服务。

④ 外部网络层：负责提供外部网络访问能力，通过 br-ex 连接至物理网络。

计算节点相较于网络节点在实现上较为简单，并未包含网络服务层提供的服务与功能，其具体实现模型如图 5-7 所示。从网络层面观察，计算节点可划分为用户网络层、本地网络层和虚拟机（Virtual Machine，VM）层。

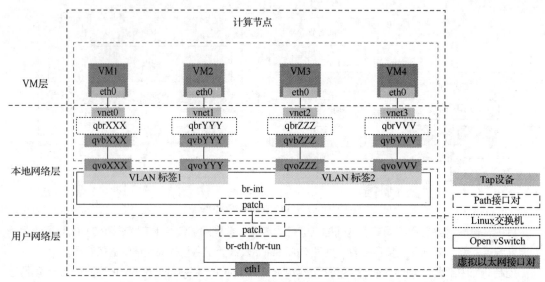

图 5-7 计算节点的具体实现模型

① 用户网络层：承担与其他节点互联互通的任务，并负责接入本地网络。此层使用 br-eth1/br-tun 与网络节点连接，并通过 patch 类型接口与本地网络层中的 br-int 连接。

② 本地网络层：负责虚拟机的接入。此层使用 br-int 连接用户网络层及虚拟机，其中，qvo-qvb 是虚拟以太网接口对，qbr 是 Linux 交换机（Linux Bridge），vnet 是 Tap 设备。

③ 虚拟机层：虚拟机所在的层。

在实际部署中，Neutron 网络实现模型展现出较高的灵活性，能够将网络节点与控制节点合二为一，实现双节点部署，或整合控制节点、网络节点及计算节点，实现在单一物理节点上的部署。此外，Neutron 可以在虚拟机内部进行部署，这一特性使其能够更好地适应多样化的网络环境与管理需求，提高部署的便利性与效率。

5.2.5 Neutron 网络流量分析

根据前面所述的网络资源和网络实现模型可以得知，网络类型（VLAN、VXLAN、Flat 等）、二层虚拟网络设备（Linux Bridge、Open vSwitch 等）及部署方式（单节点、双节点等）都将对 OpenStack 云计算平台内部构建的虚拟网络及其流量流向产生影响。接下来，将对其中的一些常用场景进行探讨。

在采用双节点部署且使用 Linux Bridge 作为二层虚拟网络设备的情况下，若用户网络采用 VLAN，则相应的网络实现模型如图 5-8 所示。

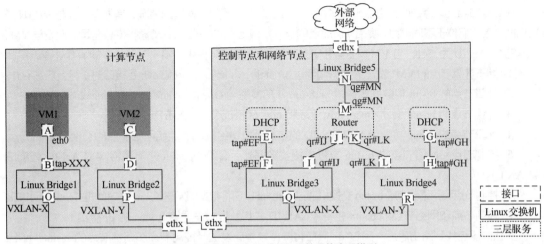

图 5-8　基于 Linux Bridge 的网络实现模型

在计算节点上创建两台虚拟机 VM1 和 VM2。假设它们处于同一网段，则会共用一台 Linux Bridge，在这种情况下，互访流量直接经由计算节点的 Linux Bridge 处理并转发。图 5-8 中展示的是 VM1 和 VM2 处于不同网段的场景，此时 VM1 访问 VM2 的流量处理流程如下。

① 处于计算节点的 VM1 发出的数据帧到达计算节点的 Linux Bridge1tap 接口。

② Linux Bridge1 根据网桥转发数据库将流量打上 VXLAN-X 标签并从物理接口发出。

③ 网络节点的物理网卡收到数据帧后，根据网桥转发数据库将数据帧发送给 Linux Bridge3。

④ Linux Bridge3 接收数据帧后剥离 VXLAN-X 标签，并将数据帧从 qr#IJ 接口发送给 Router。

⑤ Router 查询路由表后将数据从 qr#LK 接口发送给 Linux Bridge4。

⑥ Linux Bridge4 为数据帧打上 VXLAN-Y 标签后从网络节点的物理网卡发出。

⑦ 计算节点的物理网卡收到数据帧后，根据网桥转发数据库将数据帧发送给 Linux Bridge2。

⑧ Linux Bridge2 接收数据帧后剥离 VXLAN-Y 标签，并将数据帧发送给 VM2。

若是 VM1 访问外部网络的流量，则 Router 查完路由表之后，会将数据帧从 qg#MN 接口发送给 Linux Bridge5，由 Linux Bridge5 转发数据帧至外部网络。

若采用的是 Open vSwitch 作为二层虚拟网络设备，则相应的网络实现模型如图 5-9 所示。

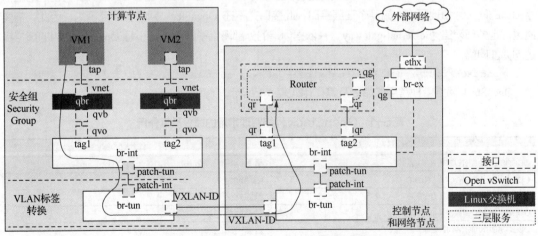

图 5-9　基于 Open vSwitch 的网络实现模型

在计算节点上，存在两台虚拟机 VM1 和 VM2。对于处于同一网段的情况，其处理方式与 VLAN 结构相同；若它们位于不同网段，则在 br-int 上的 qvo 接口上，对应的 VLAN 标签将有差异。假设与 VM1 相连的 VLAN ID 为 tag1，与 VM2 相连的 VLAN ID 为 tag2，以下是 VM1 访问 VM2 的流量处理流程。

① 处于计算节点的 VM1 发出的数据帧到达 br-int 的 qvo 接口（qvo 和 qvb 是接口对）打上标签 tag1。

② 计算节点的 br-int 将数据帧通过 path-tun 接口发送给 Open vSwitch br-tun 的 patch-int 接口。

③ 计算节点的 br-tun 借助 OpenFlow 流表将 tag1 转换成 VXLAN-ID。

④ 计算节点的 br-tun 将携带 VXLAN-ID 的数据帧发送给控制节点和网络节点的交换机 br-tun。

⑤ 控制节点和网络节点的 br-tun 交换机接收数据帧后借助 OpenFlow 流表将 VXLAN-ID 转换成 VLAN ID。

⑥ 控制节点和网络节点的 br-tun 交换机通过 path-int 接口将数据帧发送给 br-int 交换机的 path-tun 接口。

⑦ 控制节点和网络节点的 br-int 去掉 VLAN ID 并将数据帧发送给 Router 的 qr 接口。

在路由器查找到路由表后，通过 qr 接口将数据帧重新发送至控制节点和网络节点的 br-int，br-int 接收后会在其中添加 VLAN ID。此后的处理过程上述流程类似，直到数据帧达到 VM2，此处不再详细描述。如果 VM1 访问外部网络的流量，则 Router 查完路由表之后，会将数据帧从 qg 接口发送给 br-ex，由 br-ex 转发数据帧至外部网络。

5.2.6 OpenStack 网络管理

OpenStack 网络管理有两种方式，分别为命令行和 Web UI。

1. 命令行方式

在控制节点上执行 OpenStack 相关命令以实现网络管理。

以下示例创建了名为 inside1 的二层网络，并设置该二层网络的子网 net1 的网段为 10.0.0.0/24。

微课 5-4

```
openstack network create inside1
openstack subnet create --subnet-range 10.0.0.0/24 --network inside1 net1
```

以下示例创建 s 名为 R1 的路由器，并将内部子网 net1 添加到了路由器 R1 上。

```
openstack router create R1
openstack router add subnet R1 net1
```

以下示例将路由器 R1 的外部网关设定为外部网络 outside，主要原因在于 OpenStack 内创建的虚拟路由器的网关为物理网络中的某个三层接口，此接口并不在 OpenStack 网络管理范围内。因此，需要通过指定外部网络为 external-gateway，并依据创建的外部网络子网网关，引导 OpenStack 内的虚拟机访问外部网络。

```
openstack router set R1 --external-gateway outside
```

OpenStack 网络管理常用的命令及其作用如表 5-1 所示。

表 5-1 OpenStack 网络管理常用的命令及其作用

命令	作用
openstack network agent list	查看网络代理列表
openstack network create	创建网络
openstack network delete	删除网络
openstack network list	查看网络列表
openstack network show	查看网络信息
openstack network subnet list	查看子网列表

续表

命令	作用
openstack subnet create	创建子网
openstack subnet delete	删除子网
openstack subnet list	查看子网列表
openstack subnet show	查看子网信息
openstack router add subnet	为路由器添加子网
openstack router create	创建路由器
openstack router delete	删除路由器
openstack router list	查看路由器列表
openstack router remove subnet	删除路由器中的子网
openstack router set	设置路由器
openstack router show	查看路由器信息
openstack port list	查看接口列表

2. Web UI 方式

在控制节点的浏览器中输入网址 http://controller/dashboard/project/networks，按 Enter 键，进入创建内部网络页面，如图 5-10 所示，即可创建内部网络。

图 5-10　创建内部网络页面

在控制节点的浏览器中输入网址 http://controller/dashboard/admin/networks，按 Enter 键，进入创建外部网络页面，如图 5-11 所示，即可创建外部网络。

图 5-11　创建外部网络页面

在控制节点的浏览器中输入网址 http://controller/dashboard/project/routers，按 Enter 键，进入创建路由器页面，如图 5-12 所示，即可创建路由器。

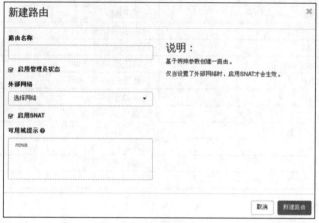

图 5-12　创建路由器页面

5.3　实验：OpenStack 网络管理

1. 搭建实验拓扑

OpenStack 网络管理实验的拓扑包括 2 台云主机和 2 个子网，其中 2 台云主机分别安装了 OpenStack 的控制节点（Controller）和计算节点（Compute），2 台云主机的 eth0 端口连接提供商网络（Provider Network）、eth1 端口连接管理数据网络（Management&Data Network），具体拓扑如图 5-13 所示。

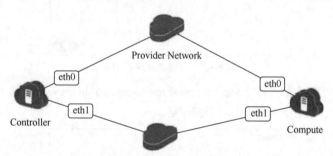

图 5-13　OpenStack 网络管理实验拓扑

OpenStack 网络管理实验环境信息如表 5-2 所示。

表 5-2　OpenStack 网络管理实验环境信息

设备名称	软件环境（镜像）	硬件环境
Controller	OpenStack Rocky Controller 桌面版	CPU：4核。 内存：8GB。 磁盘：80GB
Compute	OpenStack Rocky Compute 桌面版	CPU：4核。 内存：6GB。 磁盘：80GB

续表

设备名称	软件环境（镜像）	硬件环境
Provider Network	—	子网网段：30.0.1.0/24。 网关地址：30.0.1.1。 DHCP 服务：On
Management&Data Network	—	子网网段：30.0.2.0/24。 网关地址：30.0.2.1。 DHCP 服务：Off

接下来将分别介绍使用命令行方式和 Web UI 方式管理网络的具体步骤。

2. 使用命令行方式管理网络

（1）创建内部网络

① 登录控制节点，打开命令行窗口，执行如下命令，切换到 root 用户并加载环境变量，如图 5-14 所示。

```
$ su root
# cd
# . admin-openrc
```

图 5-14　切换到 root 用户并加载环境变量

② 执行命令 **openstack network create inside1** 创建内部网络，如图 5-15 所示。

图 5-15　创建内部网络

③ 执行如下命令为内部网络添加子网，如图 5-16 所示。

```
# openstack subnet create --subnet-range 10.0.0.0/24 --network inside1 net1
```

该命令为内部网络 inside1 添加了一个名为 net1 的子网，网段范围为 10.0.0.0/24，网段范围可自定义。

图 5-16　为内部网络添加子网

（2）创建外部网络

① 执行如下命令创建外部网络，如图 5-17 所示。

```
# openstack network create --external --provider-physical-network provider
--provider-network-type flat outside
```

该命令创建了一个名为 outside 的外部网络。其中，--external 表示设置网络属性为外部网络，--provider-physical-network 指定通过该网络实现的物理网络的名称，--provider-network-type 指定网络的类型，如 flat、geneve、gre、local、vlan 和 vxlan。

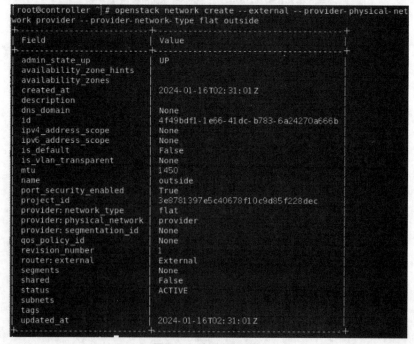

图 5-17　创建外部网络

② 执行如下命令为外部网络添加子网，如图 5-18 所示。

```
# openstack subnet create --subnet-range 30.0.1.0/24 --network outside outnet
```

该命令为外部网络 outside 添加了一个名为 outnet 的子网，网段范围为 30.0.1.0/24，该网段范围需与拓扑中外部网络的网段保持一致。

图 5-18　为外部网络添加子网

（3）创建路由器和虚拟机

① 执行命令 **openstack router create R1** 在外部网络和内部网络之间添加一个名为 R1 的路由器，如图 5-19 所示。

图 5-19　创建路由器

② 执行如下命令设置路由器外部网关，将路由器连接到外部网络，并查看配置是否生效，如图 5-20 所示。

```
# openstack router set R1 --external-gateway outside
# openstack router show R1
```

```
[root@controller ~]# openstack router set R1 --external-gateway outside
[root@controller ~]# openstack router show R1
+-----------------------------+------------------------------------------------+
| Field                       | Value                                          |
+-----------------------------+------------------------------------------------+
| admin_state_up              | UP                                             |
| availability_zone_hints     |                                                |
| availability_zones          | nova                                           |
| created_at                  | 2024-01-16T02:47:36Z                           |
| description                 |                                                |
| distributed                 | False                                          |
| external_gateway_info       | {"network_id":                                 |
|                             | "4f49bdf1-1e66-41dc-b783-6a24270a666b",        |
|                             | "enable_snat": true, "external_fixed_ips":     |
|                             | [{"subnet_id": "6d902d2e-                       |
|                             | 07f1-4fa4-b899-5d58bb4cb05c", "ip_address":     |
|                             | "30.0.1.17"}]}                                  |
| flavor_id                   | None                                           |
| ha                          | False                                          |
| id                          | b0f7b46c-5010-4280-b329-41271cb465dc           |
| interfaces_info             | []                                             |
| name                        | R1                                             |
| project_id                  | 3e8781397e5c40678f10c9d85f228dec               |
| revision_number             | 3                                              |
| routes                      |                                                |
| status                      | ACTIVE                                         |
| tags                        |                                                |
| updated_at                  | 2024-01-16T02:49:33Z                           |
+-----------------------------+------------------------------------------------+
```

图 5-20　为路由器设置外部网关并查看配置是否生效

③ 执行如下命令将路由器连接内部子网并查看路由器接口信息，如图 5-21 所示。

```
# openstack router add subnet R1 net1
# openstack port list --router R1 --fit-width
```

图 5-21　将路由器连接内部子网并查看路由器接口信息

④ 执行如下命令查看镜像列表和实例类型列表，如图 5-22 所示。

```
# openstack image list
# openstack flavor list
```

```
[root@controller ~]# openstack image list
+--------------------------------------+----------+--------+
| ID                                   | Name     | Status |
+--------------------------------------+----------+--------+
| becb1d63-e9c0-40df-949b-69339ae94f7f | pricirros| active |
+--------------------------------------+----------+--------+
[root@controller ~]# openstack flavor list
+--------------------------------------+-------+-----+------+-----------+-------+-----------+
| ID                                   | Name  | RAM | Disk | Ephemeral | VCPUs | Is Public |
+--------------------------------------+-------+-----+------+-----------+-------+-----------+
| e3b284a2-1e53-4d98-ae59-559dd532ab74 | small | 512 | 1    |         0 |     1 | True      |
+--------------------------------------+-------+-----+------+-----------+-------+-----------+
```

图 5-22　查看镜像列表和实例类型列表

⑤ 执行如下命令创建两台虚拟机，如图 5-23 和图 5-24 所示。

```
# openstack server create --flavor small --image pricirros --nic net-id=inside1 vm1
# openstack server create --flavor small --image pricirros --nic net-id=inside1 vm2
```

图 5-23　创建虚拟机 vm1

图 5-24　创建虚拟机 vm2

⑥ 执行命令 **openstack server list** 查看虚拟机列表，如图 5-25 所示。

图 5-25　查看虚拟机列表

（4）删除网络和路由器

① 执行如下命令查看路由器列表，删除路由器 R1 上的子网后将该路由器删除，并再次查看路由器列表以验证是否删除成功，如图 5-26 所示。

```
# openstack router list
# openstack router remove subnet R1 net1
# openstack router delete R1
# openstack router list
```

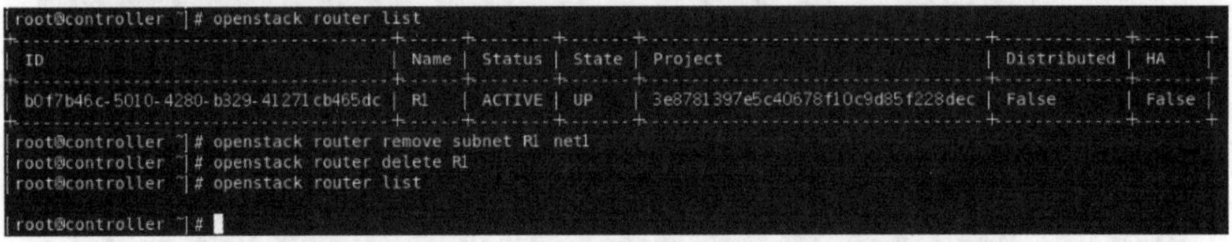

图 5-26　查看路由器列表、删除路由器子网、删除路由器、验证是否删除成功

② 执行如下命令查看网络列表，删除外部网络，并再次查看网络列表以验证是否删除成功，如图 5-27 所示。

```
# openstack network list
# openstack network delete outside
# openstack network list
```

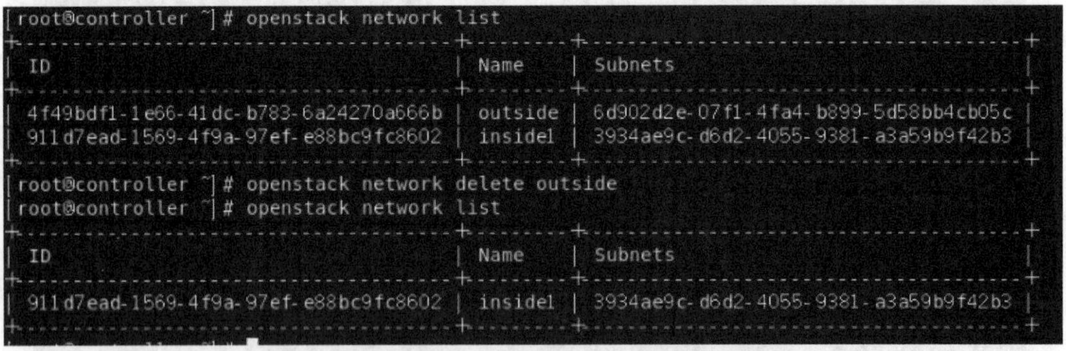

图 5-27　查看网络列表、删除外部网络、验证是否删除成功

3. 使用 Web UI 方式管理网络

（1）创建内部网络

① 登录控制节点，进入 OpenStack Web 页面。

② 选择页面左侧导航栏中的"项目>网络>网络"选项，单击右上方的"创建网络"按钮，填写网络名称，如图 5-28 所示，单击"下一步"按钮。

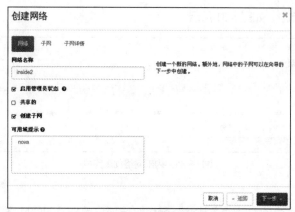

图 5-28　填写网络名称

③ 在"子网"选项卡中填写子网名称和网络地址，如图 5-29 所示，单击"下一步"按钮。

图 5-29　填写子网名称和网络地址

其中，"网络地址"为创建的子网的 IP 地址范围，"IP 版本"为"IPv4"。

④ 在"子网详情"选项卡中单击"已创建"按钮，如图 5-30 所示。

图 5-30　"子网详情"选项卡（1）

⑤ 内部网络创建完成，如图 5-31 所示。

图 5-31　内部网络创建完成

（2）创建外部网络

① 选择左侧导航栏中的"管理员>网络>网络"选项，单击"创建网络"按钮，填写信息，如图 5-32 所示，单击"下一步"按钮。

图 5-32　填写信息

② 在"子网"选项卡中填写信息，如图 5-33 所示。

图 5-33　在"子网"选项卡中填写信息

③ 单击"下一步"按钮，进入"子网详情"选项卡，如图 5-34 所示。

图 5-34　"子网详情"选项卡（2）

④ 单击"已创建"按钮，外部网络创建完成，如图 5-35 所示。

图 5-35　外部网络创建完成

（3）创建路由器和虚拟机

① 选择页面左侧导航栏中的"项目>网络>路由"选项，单击右上方的"创建路由"按钮，在"路由名称"文本框中输入"R1"，将"外部网络"设置为"outside"，如图 5-36 所示，单击"新建路由"按钮。

图 5-36　设置路由器的名称和外部网络

② 路由器创建成功，如图 5-37 所示。

图 5-37　路由器创建成功

③ 单击"R1"名称，进入路由器概况页面，选择"接口"选项卡，查看路由器接口列表，如图 5-38 所示。

图 5-38　查看路由器接口列表

④ 单击右上方的"增加接口"按钮，选择之前创建的子网 net1，单击"提交"按钮，用同样的方法将子网 net2 连接到路由器，如图 5-39 和图 5-40 所示。

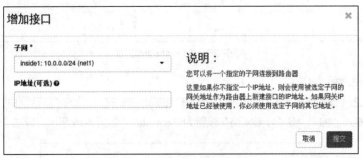

图 5-39　将子网 net1 连接到路由器

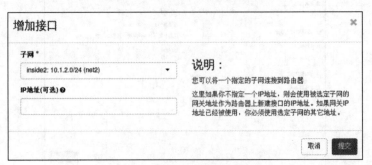

图 5-40　将子网 net2 连接到路由器

⑤ 接口添加成功后的路由器接口列表如图 5-41 所示。

图 5-41　接口添加成功后的路由器接口列表

⑥ 选择页面左侧导航栏中的"项目>计算>实例"选项，查看实例列表，如图 5-42 所示，单击右上方的"创建实例"按钮。

图 5-42　查看实例列表

⑦ 填写实例名称，如 vm3，如图 5-43 所示。

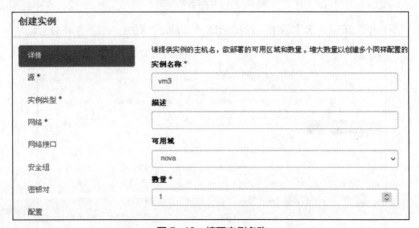

图 5-43　填写实例名称

⑧ 单击"下一项"按钮，设置实例的镜像信息，这里将"创建新卷"设置为"否"，在"选择源"下拉列表中选择"镜像"选项，选择"pricirros"镜像，如图 5-44 所示。

图 5-44　设置实例的镜像信息

⑨ 单击"下一项"按钮，选择实例类型，这里选择"small"类型，如图 5-45 所示。

图 5-45　选择实例类型

⑩ 单击"下一项"按钮，选择网络，这里选择"inside2"网络，如图 5-46 所示。

图 5-46　选择网络

⑪ 单击"创建实例"按钮，实例创建成功后的实例列表如图 5-47 所示。

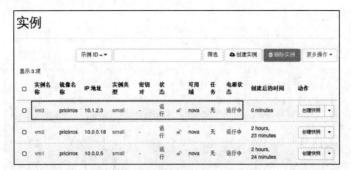

图 5-47　实例创建成功后的实例列表

（4）连通性测试

① 选择页面左侧导航栏中的"项目>网络>网络拓扑"选项，查看构建的网络拓扑图，如图 5-48 所示。

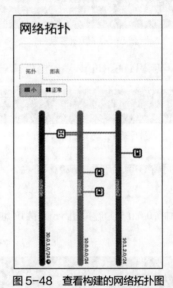

图 5-48　查看构建的网络拓扑图

② 选择页面左侧导航栏中的"项目>计算>实例"选项，选择需要操作的虚拟机，单击"创建快照"右侧的下拉按钮，在下拉列表中选择"控制台"选项，如图 5-49 所示。

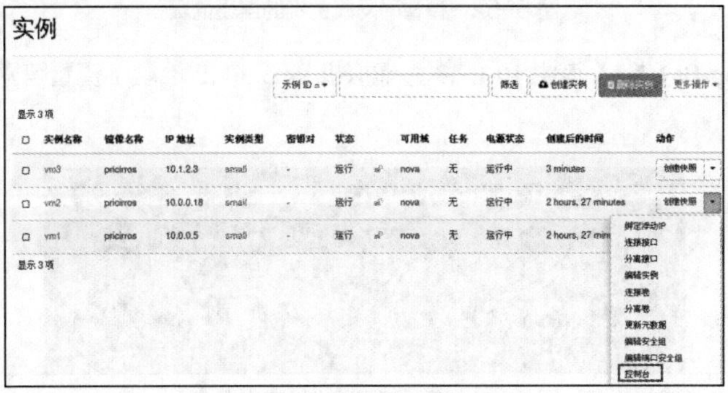

图 5-49　选择"控制台"选项

③ 选择"控制台"选项卡，进入实例控制台，如图 5-50 所示。

图 5-50　实例控制台

④ 根据提示输入用户名 cirros 和密码 cubswin:)，登录虚拟机 vm2，如图 5-51 所示。

```
login as 'cirros' user. default password: 'cubswin:)'. use 'sudo' for root.
vm2 login: cirros
Password:
$
```

图 5-51　登录虚拟机 vm2

 说 明　如果控制台无响应，则要单击页面下面的灰色状态栏。

⑤ 执行命令 **ping 10.0.0.5**（其中 10.0.0.5 为虚拟机 vm1 的 IP 地址）查看同网段主机的连通情况，如图 5-52 所示。

```
$ ping 10.0.0.5
PING 10.0.0.5 (10.0.0.5): 56 data bytes
64 bytes from 10.0.0.5: seq=0 ttl=64 time=14.238 ms
64 bytes from 10.0.0.5: seq=1 ttl=64 time=4.558 ms
64 bytes from 10.0.0.5: seq=2 ttl=64 time=2.817 ms

--- 10.0.0.5 ping statistics ---
3 packets transmitted, 3 packets received, 0% packet loss
round-trip min/avg/max = 2.817/7.204/14.238 ms
```

图 5-52　查看同网段主机的连通情况

⑥ 执行命令 **ping 10.1.2.3**（其中 10.1.2.3 为虚拟机 vm3 的 IP 地址）查看跨网段主机的连通情况，如图 5-53 所示。

```
$ ping 10.1.2.3
PING 10.1.2.3 (10.1.2.3): 56 data bytes
64 bytes from 10.1.2.3: seq=0 ttl=63 time=12.601 ms
64 bytes from 10.1.2.3: seq=1 ttl=63 time=4.908 ms
64 bytes from 10.1.2.3: seq=2 ttl=63 time=5.684 ms
64 bytes from 10.1.2.3: seq=3 ttl=63 time=4.951 ms

--- 10.1.2.3 ping statistics ---
4 packets transmitted, 4 packets received, 0% packet loss
round-trip min/avg/max = 4.908/7.036/12.601 ms
$
```

图 5-53　查看跨网段主机的连通情况

⑦ 执行命令 **ping 8.8.8.8** 查看对外部网络访问的连通情况，如图 5-54 所示。

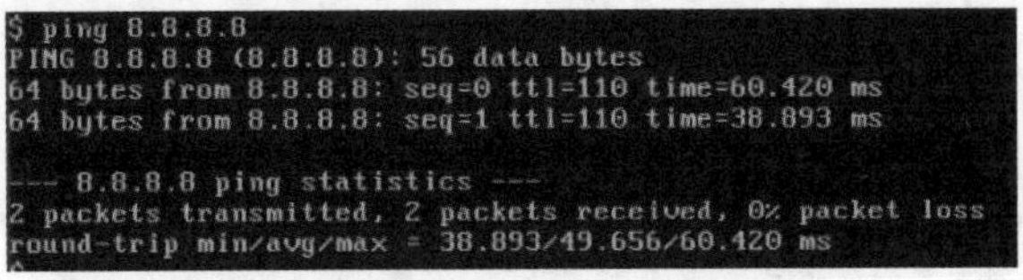

```
$ ping 8.8.8.8
PING 8.8.8.8 (8.8.8.8): 56 data bytes
64 bytes from 8.8.8.8: seq=0 ttl=110 time=60.420 ms
64 bytes from 8.8.8.8: seq=1 ttl=110 time=38.893 ms

--- 8.8.8.8 ping statistics ---
2 packets transmitted, 2 packets received, 0% packet loss
round-trip min/avg/max = 38.893/49.656/60.420 ms
```

图 5-54　查看对外部网络访问的连通情况

需要注意的是，如果控制节点本地无法连接外部网络，则虚拟机实例也无法联网。

5.4　小结

本模块着重阐述了 OpenStack 的网络服务 Neutron。首先，讲解了 Neutron 的基本概念、架构和组件、网络资源。随后，介绍了 Neutron 网络实现模型及 Neutron 网络流量分析。最后，实验部分向读者演示了命令行和 Web UI 两种网络管理方式，并用命令行分式测试了虚拟机同网段、跨网段及对外部网络访问的连通性。通过本模块的学习，读者将掌握 OpenStack 网络服务的核心技术与应用方式，为构建灵活、高效、安全的云计算环境奠定基础。

模块 6

OpenStack块存储服务
（Cinder）

06

学习目标

【知识目标】

OpenStack 的存储服务是云基础设施的重要组成部分。块存储服务、对象存储服务和文件存储服务为用户提供了灵活的存储解决方案，可以满足不同应用程序的需求。Cinder 是 OpenStack 中的块存储服务，负责提供持久性的块级存储。

对于 OpenStack 块存储服务，需要掌握以下知识。

- OpenStack 中的存储类型。
- Cinder 的架构。
- Cinder 的工作原理。
- OpenStack 块存储管理。

【技能目标】

- 能够用命令行方式创建、查看、删除卷和快照。
- 能够用 Web UI 方式创建、扩展和删除卷。
- 能够用 Web UI 方式完成从卷创建实例、为实例连接新卷、分离卷。
- 能够用 Web UI 方式为卷创建快照。

6.1 情景引入

随着业务规模不断扩大，优速网络公司对数据存储的需求爆炸式增长。公司的数据中心承载着大量关键业务应用和数据，包括数据库、文件服务器、虚拟机等，这些应用和数据需要高效、可靠且可扩展的存储方案。传统的存储方案往往存在可扩展性差、管理复杂等问题，无法满足公司快速发展的需求。

公司技术部门的小张提出利用 OpenStack 的块存储服务 Cinder 来构建公司私有云计算平台的存储架构。Cinder 通过提供灵活、可扩展的块存储服务，可满足公司对高性能存储的需求。公司采纳了小张的建议，并让小张负责此项任务。

小张首先通过 Cinder 创建了多个存储池（这些存储池基于不同的存储后端构建），并根据业务需求，将不同的存储池分配给不同的部门使用，实现存储资源的隔离和共享。他进一步利用 Cinder 的快照功能，实现了公司关键业务数据的备份和恢复，为公司提供了稳妥的备份与恢复机制。此外，他还利用 Cinder 的块存储卷（Volume，又称卷）扩展功能，实现了存储容量的动态调整，确保由 Cinder 管理的块存储卷的存储能力能够随着业务的发展而灵活变化。

通过采用 OpenStack 的块存储服务 Cinder，公司成功构建了一个高效、可靠且可扩展的存储架构，满足了其日益增长的数据存储需求。这不仅增强了公司的业务连续性和数据安全性，还为公司的数字化转型提供了强有力的支撑。

6.2 相关知识

6.2.1 OpenStack 中的存储类型

OpenStack 中的存储类型分为临时性存储（Ephemeral Storage）和持久性存储（Persistent Storage）。

微课 6-1

临时性存储指的是虚拟机实例的临时存储空间，也称为临时磁盘。这些存储空间是为虚拟机实例临时分配的，通常用于存储缓存数据和操作系统的临时文件。临时性存储通常将缓存数据和临时文件存储在计算节点的本地磁盘中，并且在虚拟机实例关闭或删除后会被释放和清空。在 OpenStack 中，临时性存储通常通过本地存储提供，不具备持久性，不适用于存储重要数据。

持久性存储指的是可长期使用的存储空间，其存储的数据始终保持可用状态，不受虚拟机生命周期变化的影响。在 OpenStack 中，目前支持 3 种类型的持久性存储：块存储（Cinder）、对象存储（Swift）和文件系统存储（Manila）。

6.2.2 Cinder 的架构

Cinder 是 OpenStack 的一个核心组件，用于提供持久化的块存储服务。它允许用户创建和管理持久性的块存储设备，这些设备可以被挂载到 OpenStack 的虚拟机实例上，为虚拟机和容器提供持久性的存储。

自 Folsom 版本开始，OpenStack 将 Nova-Volume 分离出来，独立为新项目 Cinder。

Cinder 的主要特点包括可扩展性、持久性和多后端支持。Cinder 允许用户创建多种类型的存储卷，这些存储卷可以具有不同的性能和存储策略，以满足不同应用程序的需求。它还支持对存储卷进行快照、备份和恢复，以及扩展和收缩操作。Cinder 提供了丰富的 API 和插件机制，可以与各种存储后端集成，如 Ceph、NFS 和 iSCSI 等，这使得 Cinder 可以满足不同的存储需求，并提供灵活的存储解决方案。

Cinder 的架构主要包含以下组成部分：客户端（Cinder Client）、SQL 数据库（SQL DB）、消息队列（Message Queue）、接口模块（Cinder-API）、卷管理模块（Cinder-Volume）、卷调度模块（Cinder-Scheduler）和卷备份模块（Cinder-Backup），如图 6-1 所示。

① 客户端（Cinder Client）：实现对 Cinder 提供的 REST API 的封装，以命令行界面的形式提供给用户使用。

② SQL 数据库（SQL DB）：提供存储卷、快照和备份等数据，兼容 MySQL 和 Microsoft SQL 等 SQL 数据库。

③ 消息队列：Cinder 各个子服务通过消息队列实现进程间的通信和相互协作。因为有了消息队列，所以子服务之间实现了解耦，这种松散的结构也是分布式系统的重要特征。

④ 接口模块：接收 API 请求，调用 Cinder-Volume 执行操作。

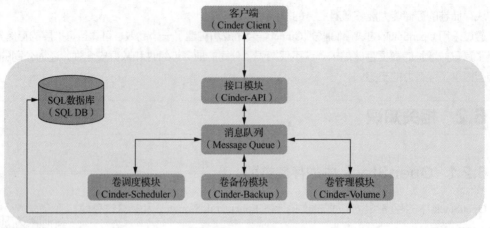

图 6-1 Cinder 的架构

⑤ 卷调度模块：收集存储后端上报的容量和能力信息，并根据预定的调度算法选择合适的 Cinder-Volume 节点来处理用户的请求。

⑥ 卷管理模块：管理和提供卷。Cinder-Volume 服务通常部署在存储节点上，使用不同的配置文件、接入不同的存储后端，并通过驱动（Driver）与设备交互，以完成设备容量和能力信息的收集及卷的相关操作。

⑦ 卷备份模块：为卷提供备份服务，支持通过 Swift 实现卷的备份，也支持从备份恢复为卷。

6.2.3 Cinder 的工作原理

1. Cinder-Scheduler 的工作原理

创建卷时，Cinder-Scheduler 会基于容量、卷类型等条件选择出最合适的存储节点，然后让其创建卷。Cinder-Scheduler 使用默认调度器 Filter-Scheduler 实现调度工作。调度过程如下。

① 通过过滤器（Filter）选择满足条件的存储节点。常用的过滤器有可用区域过滤器（AvailabilityZoneFilter）、容量过滤器（CapacityFilter）和特性过滤器（CapabilitiesFilter）。

微课 6-2

为提高容灾性和提供隔离服务，可以将存储节点和计算节点划分到不同的区域中。在创建卷的过程中，用户能够明确指定该卷所属的可用区域。Cinder-Scheduler 在做过滤时，会使用 AvailabilityZoneFilter 将不属于指定区域的存储节点过滤掉。创建卷时，用户会指定卷的大小，以确保其能满足应用或数据存储的容量需求。Cinder-Scheduler 在进行过滤时，会使用 CapacityFilter 将存储容量中不能满足卷创建需求的存储节点过滤掉。此外，Cinder 允许用户创建卷时通过卷类型指定需要的存储特性。CapabilitiesFilter 的作用是将不满足指定特性的存储节点过滤掉。

② 在 Cinder 的调度过程中，经过过滤步骤后，Cinder-Scheduler 会进行权重计算以选择最优的存储节点。常用的权重器（Weigher）有容量权重器（CapacityWeigher）和卷数量权重器（VolumeNumberWeigher）。

CapacityWeigher 基于存储节点的空闲容量计算权重值，空闲最多的胜出。VolumeNumberWeigher 侧重于平衡不同存储后端的云盘数量。它通过计算每个 Cinder-Volume 节点上当前管理的云盘数量，将新的云盘生命周期请求调度到云盘数量较少的节点上。这样做的好处是可以使不同存储后端的输入/输出（Input/Output，I/O）负载均衡并提高 I/O 性能。

2. Cinder-Volume 的工作原理

Cinder-Volume 是 Cinder 的核心服务进程，通过抽象出统一的后端存储驱动（Backend Storage Driver）层，使用不同的配置文件接入不同厂商的后端设备。Cinder-Volume 采用多节点部署，形成了存储资源池。Cinder-Volume 支持 Driver 框架和 Plug-in 框架。

① Driver 框架：Cinder-Volume 支持多种卷提供模块（Volume Provider），包括 LVM、NFS、Ceph 和 EMC 等。Cinder-Volume 为 Volume Provider 定义了统一的 Driver 接口，Volume Provider 只需要实现这些接口，就可以以 Driver 的形式接入 OpenStack 中。Driver 的架构如图 6-2 所示。

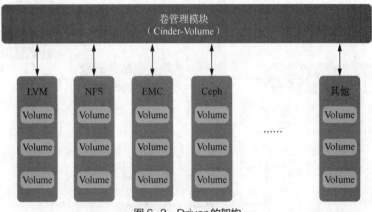

图 6-2　Driver 的架构

② Plug-in 框架：Cinder Plug-in 提供了基于文件系统（File System Based）和基于块（Block Based）两种不同类型的插件。除此之外，Cinder Plug-in 还提供了互联网小型计算机系统接口（Internet Small Computer System Interface，iSCSI）协议、光纤通道（Fibre Channel，FC）协议、网络文件系统（Network File System，NFS）协议等常用的数据传输协议的 Plug-in 框架。Plug-in 的架构如图 6-3 所示。

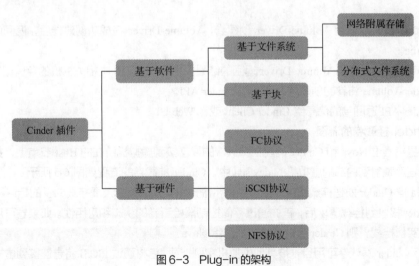

图 6-3　Plug-in 的架构

3. Cinder 创建卷的流程

Cinder 创建卷需要各个组件协同工作，详细流程如图 6-4 所示。

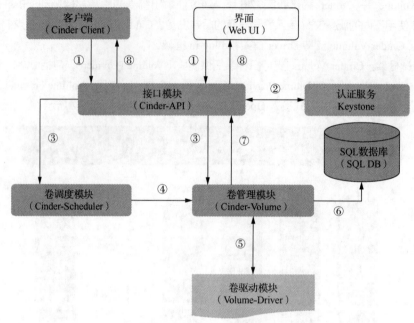

图6-4　Cinder 创建卷的流程

① 用户可通过 Cinder Client 提供的命令行或者 Web UI 发起创建卷请求。

② Cinder-API 向 Keystone 求证 Token。

③ 验证通过后，当用户指定存储节点时，Cinder-API 会直接调用 Cinder-Volume 创建卷；当用户没有指定存储节点时，Cinder-API 会将请求发送给 Cinder-Scheduler。

④ Cinder-Scheduler 通过调度算法选择最合适的存储节点，并将操作请求发送给对应的 Cinder-Volume。

⑤ Cinder-Volume 调用 Volume-Driver 创建卷，Volume-Driver 在成功创建卷后，返回创建结果给 Cinder-Volume。

⑥ Cinder-Volume 使用 Volume-Driver 返回的结果去更新 SQL DB 中相关主机的存储记录。

⑦ Cinder-Volume 将卷的创建结果返回给 Cinder-API。

⑧ Cinder-API 返回卷的信息给 Cinder Client 或者 Web UI。

4．Cinder 挂载卷的流程

挂载卷是指通过 Nova 和 Cinder 的配合将远端的卷连接到虚拟机所在的 Host 节点上，并最终通过虚拟机管理程序映射到内部的虚拟机的/dev/sda 中。Cinder 挂载卷的流程如图 6-5 所示。

① Nova 向 Cinder 发送挂载请求，请求中携带虚拟机实例的信息及要挂载的卷的标识符。

② Cinder 接收到挂载请求后，首先通过存储控制器检查卷的状态和可用性。如果卷可用并且未被其他虚拟机实例挂载，则 Cinder 会准备将卷提供给 Nova。

③ 一旦 Cinder 确认卷可用且未被其他虚拟机实例挂载，它将通过 iSCSI 将卷连接到虚拟机实例所在的计算节点。这可以通过发送请求给适当的后端存储系统来实现。

④ Nova 接收到挂载成功的响应后，会更新虚拟机实例的状态，并通知虚拟机实例所在的计算节点将卷添加到虚拟机实例中，此时 VM 中会出现一个磁盘/dev/sda。

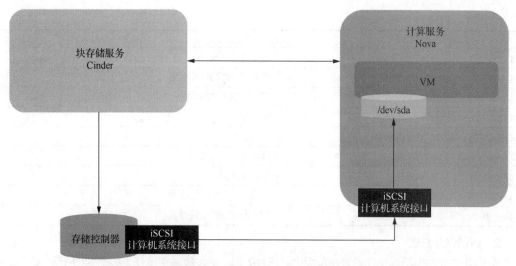

图 6-5　Cinder 挂载 Volume 的流程

6.2.4　OpenStack 块存储管理

OpenStack 块存储管理有两种方式，分别为命令行和 Web UI。

1. 命令行方式

命令行方式是指在控制节点上执行相应命令来实现卷的增、删、改、查操作。
以下示例创建了一个来源于镜像 pricirros 的卷，卷的名称是 volume1、大小为
1GB。

微课 6-3

```
openstack volume create --size 1 volume1 --image pricirros
```

以下示例为 vloume1 创建了一个名为 snap1 的快照。

```
openstack volume snapshot create snap1 --volume vloume1
```

OpenStack 块存储管理常用的命令及其作用如表 6-1 所示。

表 6-1　OpenStack 块存储管理常用的命令及其作用

命令	作用
openstack volume create	创建卷
openstack volume delete	删除卷
openstack volume host failover	故障转移卷主机到不同的后端
openstack volume host set	设置卷主机属性
openstack volume list	查看卷列表
openstack volume migrate	将卷迁移到新主机
openstack volume service list	查看服务命令列表
openstack volume service set	设置卷服务属性
openstack volume set	设置卷属性
openstack volume show	查看卷的详细信息
openstack volume snapshot create	创建卷快照
openstack volume snapshot delete	删除卷快照
openstack volume snapshot list	查看卷快照列表

命令	作用
openstack volume snapshot set	设置卷快照属性
openstack volume snapshot show	查看卷快照的详细信息
openstack volume snapshot unset	取消设置卷快照属性
openstack volume type create	创建卷类型
openstack volume type delete	删除卷类型
openstack volume type list	查看卷类型列表
openstack volume type set	设置卷类型属性
openstack volume type show	查看卷类型的详细信息
openstack volume type unset	取消设置卷类型属性

2. Web UI方式

Web UI方式是指管理员在卷管理页面中进行卷的增、删、改、查操作，如图6-6所示。

图6-6　卷管理页面（1）

6.3　实验：OpenStack块存储管理

1. 搭建实验拓扑

OpenStack 块存储管理实验的拓扑包括 2 台云主机和 2 个子网，其中 2 台云主机分别安装了OpenStack 的控制节点（Controller）和计算节点（Compute），2 台云主机的 eth0 端口连接提供商网络（Provider Network）、eth1 端口连接管理数据网络（Management&Data Network），具体拓扑如图6-7所示。

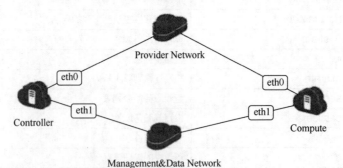

图6-7　OpenStack块存储管理实验拓扑

OpenStack 块存储管理实验环境信息如表6-2所示。

表 6-2　OpenStack 块存储管理实验环境信息

设备名称	软件环境（镜像）	硬件环境
Controller	OpenStack Rocky Controller 桌面版	CPU：4 核。 内存：8GB。 磁盘：80GB
Compute	OpenStack Rocky Compute 桌面版	CPU：4 核。 内存：6GB。 磁盘：80GB
Provider Network	—	子网网段：30.0.1.0/24。 网关地址：30.0.1.1。 DHCP 服务：On
Management & Data Network	—	子网网段：30.0.2.0/24。 网关地址：30.0.2.1。 DHCP 服务：Off

接下来将分别介绍使用命令行方式和 Web UI 方式管理卷的具体步骤。

2．使用命令行方式管理卷

（1）创建及查看卷

① 登录控制节点，打开命令行窗口，执行如下命令，切换至 root 用户并加载环境变量，如图 6-8 所示。

```
# su root
# cd
#. admin-openrc
```

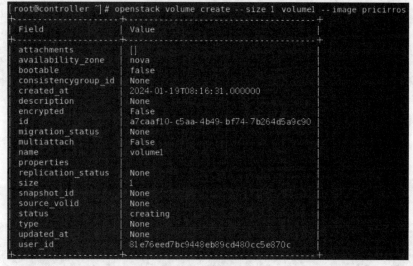

```
[openlab@controller ~]$ su root
密码：
[root@controller openlab]# cd
[root@controller ~]# . admin-openrc
```

图 6-8　切换至 root 用户并加载环境变量

② 执行命令 **openstack volume create --size 1 volume1 --image pricirros**，创建一个来源于镜像 pricirros 的卷，卷的名称是 volume1、大小为 1GB，如图 6-9 所示。

```
[root@controller ~]# openstack volume create --size 1 volume1 --image pricirros
+---------------------+--------------------------------------+
| Field               | Value                                |
+---------------------+--------------------------------------+
| attachments         | []                                   |
| availability_zone   | nova                                 |
| bootable            | false                                |
| consistencygroup_id | None                                 |
| created_at          | 2024-01-19T08:16:31.000000           |
| description         | None                                 |
| encrypted           | False                                |
| id                  | a7caaf10-c5aa-4b49-bf74-7b264d5a9c90 |
| migration_status    | None                                 |
| multiattach         | False                                |
| name                | volume1                              |
| properties          |                                      |
| replication_status  | None                                 |
| size                | 1                                    |
| snapshot_id         | None                                 |
| source_volid        | None                                 |
| status              | creating                             |
| type                | None                                 |
| updated_at          | None                                 |
| user_id             | 81e76eed7bc9448eb89cd480cc5e870c     |
+---------------------+--------------------------------------+
```

图 6-9　创建一个卷

③ 执行命令 **openstack volume list** 查看卷列表，如图 6-10 所示。

```
[root@controller ~]# openstack volume list
+--------------------------------------+---------+-----------+------+-------------+
| ID                                   | Name    | Status    | Size | Attached to |
+--------------------------------------+---------+-----------+------+-------------+
| a7caaf10-c5aa-4b49-bf74-7b264d5a9c90 | volume1 | available | 1    |             |
+--------------------------------------+---------+-----------+------+-------------+
```

图 6-10　查看卷列表

（2）创建及查看快照

① 执行命令 **openstack volume snapshot create snap1 --volume vloume1**，为卷 volume1 创建一个名为 snap1 的快照，如图 6-11 所示。

```
[root@controller ~]# openstack volume snapshot create snap1 --volume volume1
+-------------+--------------------------------------+
| Field       | Value                                |
+-------------+--------------------------------------+
| created_at  | 2024-01-19T08:28:48.409760           |
| description | None                                 |
| id          | 0d2596e8-89d9-4715-b154-5d2513f3be61 |
| name        | snap1                                |
| properties  |                                      |
| size        | 1                                    |
| status      | creating                             |
| updated_at  | None                                 |
| volume_id   | a7caaf10-c5aa-4b49-bf74-7b264d5a9c90 |
+-------------+--------------------------------------+
```

图 6-11　创建一个快照

② 执行命令 **openstack volume snapshot show snap1** 查看 snap1 快照的详细信息，如图 6-12 所示。

```
[root@controller ~]# openstack volume snapshot show snap1
+-----------------------------------------------+--------------------------------------+
| Field                                         | Value                                |
+-----------------------------------------------+--------------------------------------+
| created_at                                    | 2024-01-19T08:28:48.000000           |
| description                                   | None                                 |
| id                                            | 0d2596e8-89d9-4715-b154-5d2513f3be61 |
| name                                          | snap1                                |
| os-extended-snapshot-attributes:progress      | 100%                                 |
| os-extended-snapshot-attributes:project_id    | 3e8781397e5c40678f10c9d85f228dec     |
| properties                                    |                                      |
| size                                          | 1                                    |
| status                                        | available                            |
| updated_at                                    | 2024-01-19T08:28:37.000000           |
| volume_id                                     | a7caaf10-c5aa-4b49-bf74-7b264d5a9c90 |
+-----------------------------------------------+--------------------------------------+
```

图 6-12　查看 snap1 快照的详细信息

（3）删除快照和卷

① 执行如下命令删除快照和卷，如图 6-13 所示。注意，必须先删除快照再删除卷。

```
# openstack volume snapshot delete snap1
# openstack volume delete volume1
```

```
[root@controller ~]# openstack volume snapshot delete snap1
[root@controller ~]# openstack volume delete volume1
[root@controller ~]#
```

图 6-13　删除快照和卷

② 执行如下命令查看卷列表和快照列表，如图 6-14 所示。

```
# openstack volume list
# openstack volume snapshot list
```

```
[root@controller ~]# openstack volume list

[root@controller ~]# openstack volume snapshot list

[root@controller ~]#
```

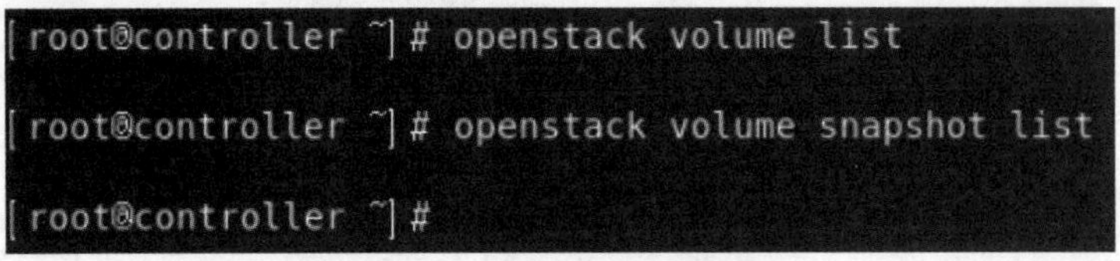

图 6-14　查看卷列表和快照列表

3. 使用 Web UI 方式管理卷

（1）创建内部网络

① 登录控制节点，进入 OpenStack Web 页面。

② 创建一个名为 inside 的内部网络，该网络的子网地址为 50.0.0.0/24 且激活 DHCP 功能，内部网络创建完成，如图 6-15 所示。

图 6-15　内部网络创建完成

（2）创建卷

① 选择页面左侧导航栏中的"项目>卷>卷"选项，可以进入卷管理页面，如图 6-16 所示。

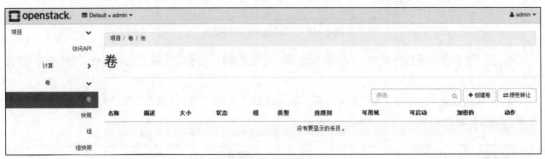

图 6-16　卷管理页面（2）

② 单击"创建卷"按钮，进入创建卷页面，如图 6-17 所示。

③ 在"卷名称"文本框中填写卷的名称 volume1（可自定义），在"描述"文本框中填写对此卷的描述，如图 6-18 所示。

图6-17　创建卷页面

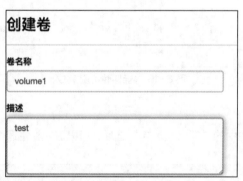

图6-18　填写卷的名称和描述

④ 在"卷来源"下拉列表中，可以选择创建一个空白卷，或者以镜像为源创建一个卷，如图6-19所示。

⑤ 本实验设置"卷来源"为"镜像"，在"使用镜像作为源"下拉列表中选择"pricirros（12.7 MB）"选项，如图6-20所示。

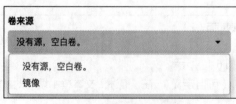

图6-19　"卷来源"下拉列表

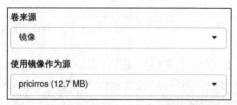

图6-20　选择"pricirros（12.7 MB）"选项

⑥ "类型"下拉列表用于设置卷的类型，此处可以不设置，如图 6-21 所示。

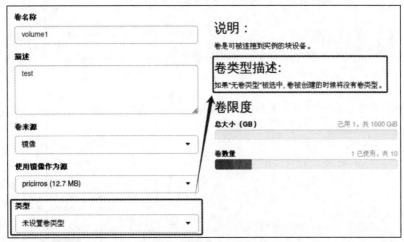

图 6-21 "类型"下拉列表

⑦ 设置"大小（GiB）"为 1GB，"可用域"为默认的"nova"，"组"为默认的"没有组"，如图 6-22 所示，单击"创建卷"按钮。

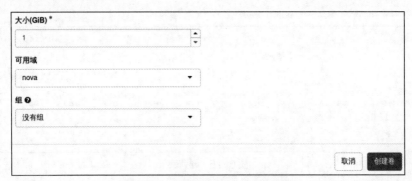

图 6-22 设置卷的大小、可用域和组

⑧ 卷 volume1 创建成功，如图 6-23 所示。

图 6-23 卷 volume1 创建成功

（3）删除卷

① 按照图 6-24 所示设置创建卷 volume2。

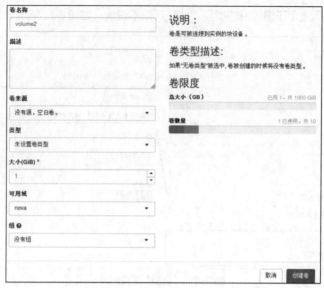

图 6-24　创建卷 volume2

② 创建成功后，在卷列表中可以看到卷 volume2 的"可启动"一列是 No，表示不可启动，如图 6-25 所示。

图 6-25　卷列表

需要注意的是，使用"镜像"作为源创建的卷，"可启动"一列默认是 Yes，而以"没有源，空白卷。"创建的卷，"可启动"一列默认是 No。

③ 单击卷 volume2 右侧的下拉按钮，选择"删除卷"选项，在弹出的"确认删除卷"对话框中单击"删除卷"按钮，如图 6-26 和图 6-27 所示。

图 6-26　选择"删除卷"选项

图 6-27　单击"删除卷"按钮

④ 成功删除卷 volume2，如图 6-28 所示。

图 6-28　成功删除卷 volume2

（4）扩展卷

① 单击卷 volume1 右侧的下拉按钮，选择"扩展卷"选项，如图 6-29 所示。

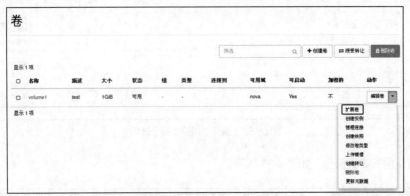

图 6-29　选择"扩展卷"选项

② 将"新大小（GiB）"设为 2GB，如图 6-30 所示，单击"扩展卷"按钮即可将卷 volume1 的大小从 1GB 扩展至 2GB。

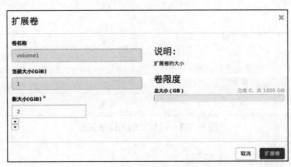

图 6-30　设置卷的新大小

③ 成功扩展卷，如图 6-31 所示。

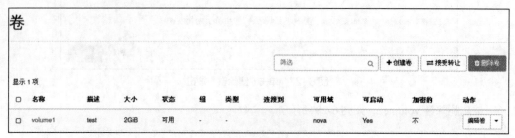

图 6-31　成功扩展卷

（5）从卷创建实例

① 单击卷 volume1 右侧的下拉按钮，选择"创建实例"选项，如图 6-32 所示。

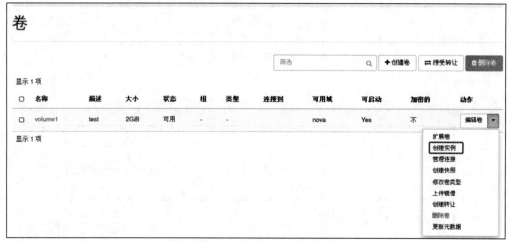

图 6-32　选择"创建实例"选项

② 设置实例的详情信息，如图 6-33 所示。

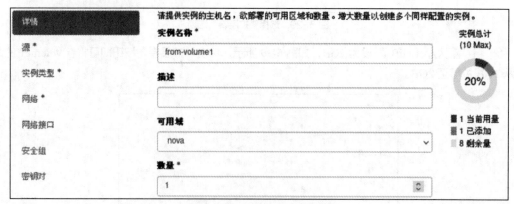

图 6-33　设置实例的详情信息

③ 选择源为 volume1，如图 6-34 所示。

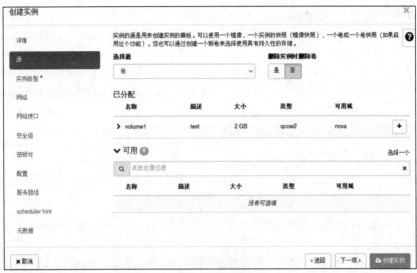

图 6-34　选择源

④ 选择实例类型为 small，如图 6-35 所示。

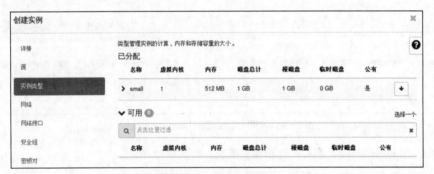

图 6-35　选择实例类型

⑤ 选择网络为 inside，如图 6-36 所示，单击"创建实例"按钮。

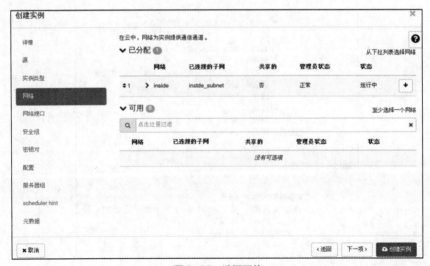

图 6-36　选择网络

101

⑥ 实例创建完成后，查看卷的状态，如图6-37所示。

图6-37　查看卷的状态

可以看到卷volume1已经连接到实例from-volume1上的/dev/vda，此时卷volume1可以通过/dev/vda来访问。

⑦ 选择"项目>计算>实例"选项，查看创建的实例from-volume1，如图6-38所示。

图6-38　查看创建的实例from-volume1

⑧ 单击"from-volume1"名称，查看实例概况，如图6-39所示。

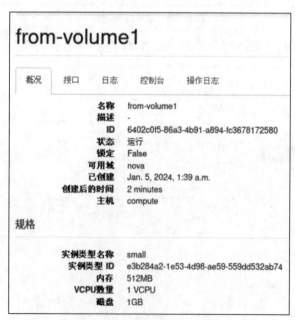

图6-39　查看实例概况（1）

⑨ 选择"控制台"选项卡，进入实例控制台，右击"点击此处只显示控制台"链接，选择"新建标签页打开链接"选项，如图 6-40 所示。

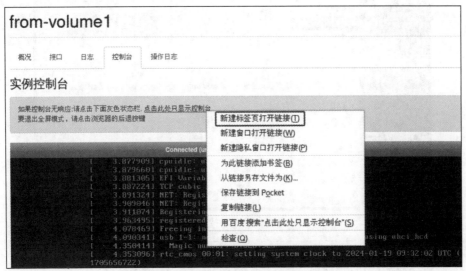

图 6-40　选择"新建标签页打开链接"选项

⑩ 使用提示中的用户名和密码登录实例，登录后执行命令 **lsblk**，查看可用的块设备的信息，如图 6-41 所示。

```
login as 'cirros' user. default password: 'cubswin:)'. use 'sudo' for root.
from-volume1 login: cirros
Password:
$ lsblk
NAME    MAJ:MIN RM SIZE RO TYPE MOUNTPOINT
vda     253:0    0   2G  0 disk
`-vda1 253:1    0   2G  0 part /
$
```

图 6-41　查看可用的块设备的信息（1）

⑪ 执行如下命令，在根目录下创建 test.txt 文件并写入内容，如图 6-42 所示。

```
$ sudo su
$ echo openlab > /test.txt
$ ls /
$ cat /test.txt
```

```
$ sudo su
$ echo openlab > /test.txt
$ ls /
bin          home          linuxrc       old-root      run           tmp
boot         init          lost+found    opt           sbin          usr
dev          initrd.img    media         proc          sys           var
etc          lib           mnt           root          test.txt      vmlinuz
$ cat /test.txt
openlab
```

图 6-42　创建 test.txt 文件并写入内容

⑫ 登录计算（存储）节点，双击"主文件夹"图标，打开文件管理器，如图 6-43 所示。

⑬ 选择左侧列表中的"其他位置"选项，可以看到 cirros-rootfs 设备，如图 6-44 所示。

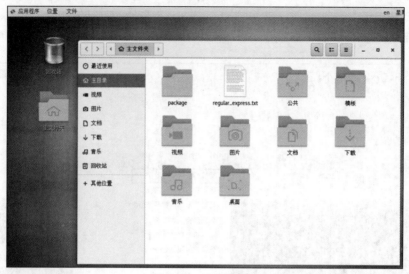

图6-43　文件管理器

图6-44　cirros-rootfs设备

⑭ 双击"cirros-rootfs"选项，打开"需要认证"对话框，如图6-45所示，输入管理员密码root@openlab，单击"认证"按钮，完成挂载。

图6-45　"需要认证"对话框

⑮ 可以在磁盘根目录下看到刚刚创建的文件 test.txt，单击以查看文件内容，如图 6-46 所示。

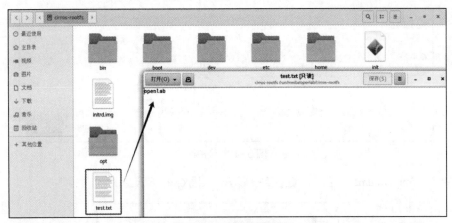

图 6-46　查看文件内容

说 明　　test.txt 文件的显示稍有延迟，可反复取消挂载后再次查看。

（6）为实例连接新卷

① 选择"项目>卷>卷"选项，创建一个新的空白卷 new-volume，大小为默认的 1GB，卷列表如图 6-47 所示。

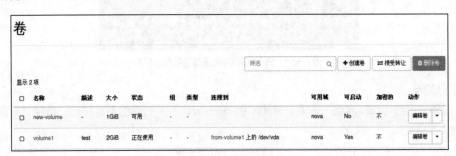

图 6-47　卷列表

② 选择"项目>计算>实例"选项，单击实例 from-volume1 右侧的下拉按钮，选择"连接卷"选项，如图 6-48 所示。

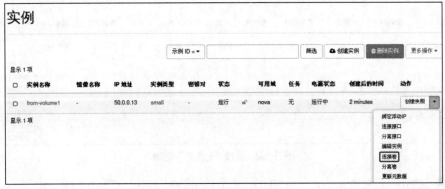

图 6-48　选择"连接卷"选项

③ 将"卷 ID"设置为 new-volume 的 ID，单击"连接卷"按钮，如图 6-49 所示。

图 6-49　连接卷

④ 单击"from-volume1"名称，查看实例概况，如图 6-50 所示。

图 6-50　查看实例概况（2）

⑤ 登录实例 from-volume1 的控制台，执行命令 **lsblk** 查看可用的块设备的信息，如图 6-51 所示。

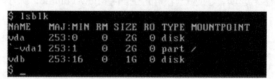

图 6-51　查看可用的块设备的信息（2）

（7）分离卷

① 选择"项目>计算>实例"选项，单击实例 from-volume1 右侧的下拉按钮，选择"分离卷"选项，如图 6-52 所示。

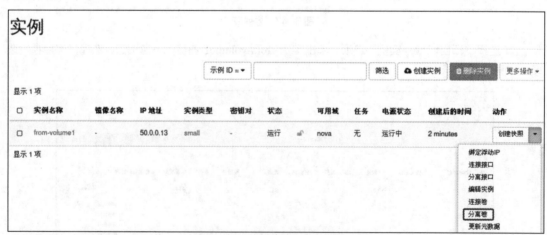

图 6-52　选择"分离卷"选项

② 将"卷 ID"设置为 new-volume 的 ID，单击"分离卷"按钮，如图 6-53 所示。

图 6-53　分离卷

③ 登录实例 from-volume1 的控制台，执行命令 **lsblk** 查看可用的块设备的信息，如图 6-54 所示。

图 6-54　查看可用的块设备的信息（3）

可以看到/dev/vdb 已经不在实例的可用块设备列表中了。

（8）为卷创建快照

① 选择"项目>卷>卷"选项，单击 volume1 右侧的下拉按钮，选择"创建快照"选项，如图 6-55 所示。

图 6-55　选择"创建快照"选项

② 在"快照名称"文本框中填入名称，单击"创建卷快照（强制）"按钮，如图 6-56 所示。

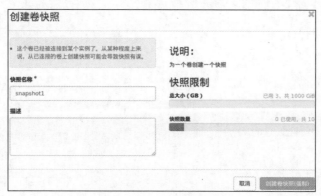

图 6-56　为卷创建快照

107

③ 选择"项目>卷>快照"选项，查看创建的快照，如图 6-57 所示。

图 6-57　查看创建的快照

6.4　小结

本模块着重阐述了 OpenStack 的块存储服务 Cinder。首先，讲解了 OpenStack 中的存储类型和 Cinder 的架构，以及 Cinder 的工作原理等。随后，实验部分向读者演示了使用命令行和 Web UI 两种方式进行卷管理，对卷进行创建、查看和删除操作，以及实现了卷的备份和扩展。通过本模块的学习，读者可以掌握 OpenStack 块存储服务的核心知识及关键操作，为更好地使用 OpenStack 块存储服务构建存储架构奠定坚实的基础。

模块 7
OpenStack对象存储服务
（Swift）

07

学习目标

【知识目标】

Swift 是 OpenStack 的对象存储服务，它可以存储大量的非结构化数据，如图片、音频和视频等文件。Swift 的设计目标是提供高性能、可靠和可扩展的存储服务，使用户可以轻松地存储和访问海量数据。因此，Swift 已经成为许多云计算平台和企业级应用的首选存储解决方案之一。

对于 OpenStack 对象存储服务，需要掌握以下知识。

* Swift 的架构。
* Swift 关键技术。
* OpenStack 对象存储管理。

【技能目标】

* 能够用命令行方式创建和管理容器。
* 能够用命令行方式上传和下载文件。
* 能够用 Web UI 方式创建和删除容器。
* 能够用 Web UI 方式创建目录。
* 能够用 Web UI 方式上传和下载文件。

7.1 情景引入

优速网络公司基于业务发展需要购买了大量图片、音频和视频的版权，现需要将这些内容高效地存储、管理和共享，以满足公司内部及外部用户的不同需求。经过市场调研，公司决定采用 OpenStack 对象存储服务 Swift 来构建一个多媒体内容管理平台，此任务由公司 IT 部门负责。

IT 部门首先利用 OpenStack 对象存储服务 Swift 搭建了一个分布式的对象存储集群，这个集群由多个节点组成，每个节点都负责存储一部分数据，并通过网络进行通信和协作。采用分布式架构使存储系统能够轻松扩展，在需要增加存储容量时，只需添加新的节点即可。为了保证数据的安全性和可用性，IT 部门还利用 Swift 的复制和冗余机制进行了数据备份。通过配置多个存储区域，Swift 可以自动将数据复制到不同的物理位置，以应对可能发生的硬件故障和可能遇到的自然灾害等。除了基本的存储和访问功能，IT 部门还利用大数据分析和机器学习技术对内容进行了分类、标签化及推荐；利用 Elasticsearch 等搜索引擎提供了快速的内容检索功能。

通过基于 OpenStack 对象存储服务 Swift 的多媒体内容管理平台，公司不仅能够高效地存储和管理海量的多媒体内容，还能够提供丰富的数据访问、共享和搜索功能，以满足公司内部和外部用户的多样化需求。同时，平台具备良好的可扩展性、安全性和可用性，为公司的长期发展提供了有力的支撑。

7.2 相关知识

7.2.1 Swift 的架构

1. Swift 简介

Swift 是 OpenStack 的一个核心组件，旨在提供高性能、可靠和可扩展的存储服务，使用户可以轻松地存储和访问海量数据。Swift 使用了一种分布式架构，可以在多个存储节点上存储数据，从而保证数据的高可用性和可靠性。Swift 还提供了丰富的 API 和管理工具，便于用户对存储的数据进行管理和访问。

微课 7-1

Swift 是 OpenStack 最初的两大项目之一，由 Rackspace 公司于 2010 年贡献给 OpenStack 社区，并与 Nova 一起开启了 OpenStack 的云时代。

Swift 的主要特点包括可扩展性、高可用性、对象存储、数据一致性和 API 支持。Swift 将数据存储为对象，每个对象都有唯一的标识符。Swift 使用一致性哈希算法来分布数据，并通过数据复制和检查来确保数据的一致性及完整性。此外，Swift 提供了 REST API，使开发人员能够轻松地与存储系统进行交互，管理对象和元数据。

2. Swift 的层次架构

Swift 从架构上可以划分为两个层次：访问层与存储层。Swift 的层次架构如图 7-1 所示。

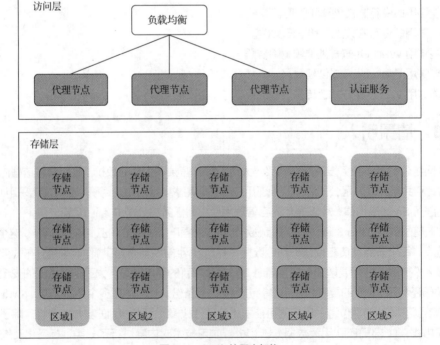

图 7-1　Swift 的层次架构

（1）访问层主要包括两部分，即代理节点（Proxy Node）与认证服务（Authentication），分别负责 REST 请求与用户身份的验证。

Proxy Node 部署了代理服务器（Proxy Server），主要负责处理用户的 REST 请求。接收到用户请求时，Proxy Server 会对用户的身份进行严格验证，并将用户提供的身份资料转发给 Authentication 进行处理。为了提升性能，Proxy Server 利用 Memcached（高性能的分布式内存对象缓存系统）进行数据和对象的缓存，从而减少对数据库的访问次数，加快用户访问速度。每次接收到用户的访问请求时，Proxy Node 都会将其精准转发至相应的存储节点。

（2）存储层由一系列的物理存储节点组成，负责对象数据的存储。存储层在物理上分为以下 5 个层次。

① 地域（Region）：指一个物理位置或者数据中心。地域中部署着一定数量的存储节点和相关的硬件设备。每个 Swift 系统默认至少有一个 Region。

② 区域（Zone）：Region 中的一个逻辑分区，用于提高数据的可用性和冗余性。Zone 通常是一个相对较小的集群，由多个存储节点组成，可以存在于不同的物理位置。

③ 存储节点（Storage Node）：实际存储数据的物理节点，负责存储和管理对象数据，并提供对外的访问接口。

④ 设备（Device）：存储节点中的磁盘设备。

⑤ 分区（Partition）：虚拟节点，与实际的物理节点存在映射关系。

3. Swift 存储对象的逻辑结构

Swift 采用层次数据模型，共设三层逻辑结构：账户（Account）、容器（Container）、对象（Object）。每层的节点数量均没有限制，可以任意扩展。Swift 存储对象的逻辑结构如图 7-2 所示。

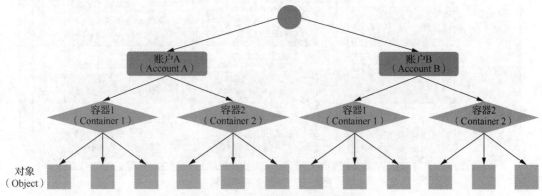

图 7-2　Swift 存储对象的逻辑结构

（1）账户：与存储的数据没有直接关系，用于提供认证和管理功能。账户是一个命名空间，用于隔离和管理多个 Container。在 Swift 中，账户用于认证和授权用户，以及管理账户的容器和对象等。

（2）容器：Swift 中的一个逻辑容器，类似于文件系统中的文件夹，可以用于管理和组织 Object。容器可以包含多个 Object，但是不能嵌套。此外，与容器有关的元数据的信息也会被存储和管理。

（3）对象：Swift 中存储的基本数据单元，类似于文件系统中的文件。一个 Object 一般包含数据本身和元数据信息，用于描述对象的特性、大小和属性等。Object 是 Swift 中存储数据的主要实体，也是 Object Storage 名称的来源。

4. Swift 的系统架构

Swift 采用完全对称、面向资源的分布式系统架构，所有组件都可扩展，以避免因单点失效而影响整个系统运转。Swift 为账户、容器和对象分别定义了环（Ring）用于将虚拟节点（分区）映射到一组物理存储设备上，包括账户环（Account Ring）、容器环（Container Ring）和对象环（Object Ring）。Swift的系统架构如图 7-3 所示。

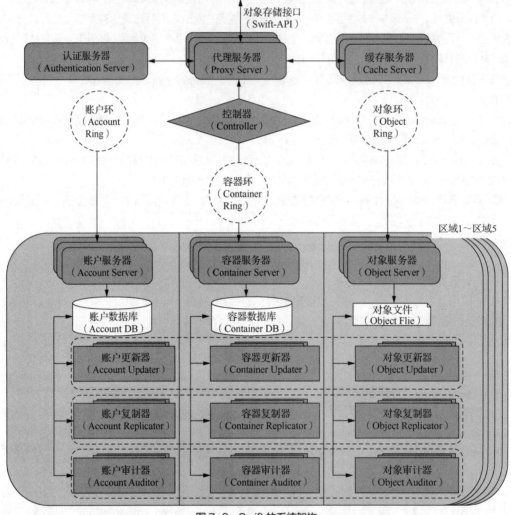

图 7-3　Swift 的系统架构

（1）对象存储接口（Swift-API）：用于对象和元数据的创建、修改及获取，通过基于 HTTP 的 REST服务接口对外提供服务。Swift-API 主要提供了以下功能。

① 存储无限数量的对象。单个对象默认最大占用 5GB，这个最大存储空间用户可以自行设置。

② 使用内容编码元数据压缩对象。

③ 支持批量删除对象，单个请求中可批量删除多达 10000 个对象。

（2）代理服务器（Proxy Server）：对外提供一个统一的公有 API 来为对象存取请求服务。对于接收到的每一个请求，代理服务器会智能地解析请求内容，定位所需账户、容器或对象在分布式存储环中的确切位置，并精确地将这些请求发送给相应的存储节点进行处理。

（3）认证服务器（Authentication Server）：通过令牌（Token）认证访问用户的身份信息，并缓存该Token 至过期时间。

（4）缓存服务器（Cache Server）：缓存令牌、容器和账户存在的信息，但不对实际对象数据进行任何缓存。缓存服务器可采用 Memcached 集群，Swift 使用一致性哈希算法来分配缓存地址。

（5）账户服务器（Account Server）：提供账户的元数据和统计信息，并维护所含容器列表的服务。每个账户的信息以 SQLite 数据库文件的形式存储。

（6）容器服务器（Container Server）：提供容器的元数据和统计信息，并维护所含对象列表的服务。与账户服务类似，每个容器的信息也以 SQLite 数据库文件的形式存储。

（7）对象服务器（Object Server）：提供存储对象元数据和内容的服务，可以用来存储、检索、删除存储在本地设备的对象。对象以二进制文件的形式存储在文件系统中，元数据存储在文件的扩展属性（xattrs）中。

（8）更新器（Updater）：当对象因高负载或故障而无法立刻更新时，更新任务将会在本地文件系统中排队，以便服务恢复后再次进行更新。

（9）复制器（Replicator）：目的在于遇到网络中断或驱动器故障等临时错误情况时，使系统保持一致的状态。Replicator 将本地数据与每个远程副本进行比较，以确保所有副本均包含数据的最新版本，从而保证数据的一致性和可靠性。

（10）审计器（Auditor）：检查对象、容器和账户的完整性，如果发现错误，则文件将被隔离，并触发机制从其他健康副本中复制数据以恢复并覆盖损坏的副本。

7.2.2 Swift 关键技术

1. Ring

Ring 是 Swift 中非常核心的组件，用于记录存储在磁盘上的对象与物理位置之间的映射。Account、Container 和 Object 都有单独的 Ring。Swift 的 Proxy Server 根据 Account、Container 和 Object 各自的 Ring 来确定各自数据的存放位置，其中 Account 和 Container 数据库文件也被当作对象来处理。

微课 7-2

如图 7-4 所示，Ring 将 Partition 均衡地映射到一组物理设备上。Swift 中，Ring 使用 Zone 来保证数据的物理隔离，每个 Partition 的副本都确保放在不同的 Zone 中，Ring 中记录了存储对象与物理位置的映射关系。Ring 通过 Zone、Device、Partition 和 Replica 来维护映射信息。默认情况下，Ring 中的每个 Partition 在集群中复制 3 次，Partition 位置存储在 Ring 维护的映射中。Ring 还负责确定哪些 Device 在故障情况下用于切换。

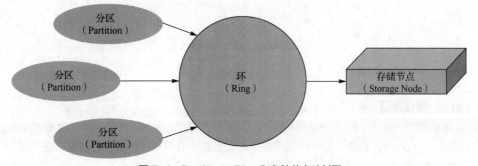

图 7-4　Partition、Ring 和存储节点映射图

2. 一致性哈希算法

Swift 使用改良型一致性哈希算法，通过计算将对象均匀分布到虚拟空间的虚拟节点上，在增加或

删除节点时减少需移动的数据量。一致性哈希算法采用对 2^{32} 取模的方法，具体步骤如下。

① 一致性哈希算法将整个哈希空间按顺时针方向映射成一个虚拟的圆环，称为哈希环，整个哈希空间的取值为 $0—2^{32}-1$。

② 对每台服务器（服务器 IP 地址/服务器主机名）使用哈希函数进行处理，确定每台服务器在哈希环上的位置（A、B、C）。

③ 将需要存储的对象使用相同的哈希函数计算出哈希值，确定此对象在哈希环上的位置（1、2、3、4），从此位置沿哈希环顺时针寻找，遇到的第一台服务器就是存储该数据的服务器，如图 7-5 所示。

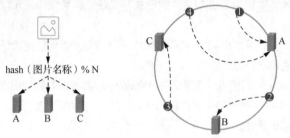

图 7-5　哈希环

一致性哈希算法在服务节点太少的情况下，容易因为节点分布不均匀而造成数据倾斜问题，也就是被缓存的对象大部分集中缓存在某台服务器上，从而出现数据分布不均匀的情况，这种情况称为哈希环倾斜。

在极端情况下，哈希环倾斜有可能引起系统的崩溃，为了解决这种数据分布不均匀的问题，为一致性哈希算法引入了虚拟节点机制，该机制要求对每个物理服务节点执行多次哈希计算，每次计算都会产生独特的哈希值，这些哈希值在哈希环上各自占据一个位置，这些位置上的服务节点称为虚拟节点（A-p1、A-p2、B-p1、B-p2、C-p1、C-p2），一个实际节点可以对应多个虚拟节点，虚拟节点越多，哈希环上的节点就越多，缓存被均匀分布的概率就越大，哈希环倾斜带来的影响就越小，同时数据定位算法不变，只是多了一步虚拟节点到实际节点的映射，虚拟节点机制如图 7-6 所示。

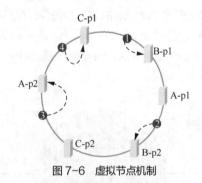

图 7-6　虚拟节点机制

3. 最终一致性模型

Swift 采用最终一致性（Eventual Consistency）模型，使用 Quorum 仲裁协议实现高可用性和无限水平扩展能力。Quorum 仲裁协议是一种用于在分布式系统中解决一致性问题的协议，通过在不同节点之间达成共识来确保数据的一致性，并且可以容忍一定数量的节点故障。

Quorum 仲裁协议中包含 N、W 和 R 这 3 个参数，N 表示数据的副本总数，W 表示写操作被确认接受的副本数量，R 表示读操作的副本数量。Quorum 仲裁协议的具体实现如下。

强一致性：$R+W>N$，确保读写操作的副本集合会产生交集，从而确保可以读取到最新版本。

弱一致性：$R+W≤N$，当读写操作的副本集合没有交集时，可能会读取到脏数据；适用于对一致性要求较低的场景。

Swift 默认配置是 $N=3$、$W=2$、$R=1$ 或 $R=2$，即每个对象会有 3 个副本，这 3 个副本会被存储在不同区域的节点上；$W=2$ 表示至少需要更新两个副本才算写成功。

① 当 $R=1$（即弱一致性）时，意味着某个读操作成功便立刻返回结果，这种情况下会读取到旧版本。

② 当 $R=2$（即强一致性）时，需要在读操作请求头中增加 x-newest=true 参数（HTTP 请求头参数）来同时读取两个副本的元数据信息，再比较时间戳来确定哪个是最新版本。

4. 数据的上传及下载

（1）上传（Upload）：客户端使用 REST API 发出 HTTP 请求，将对象放入现有容器中，Proxy Server 接收请求，依据账户名、容器名和对象名在环中进行查找，确定该对象所在分区的存储节点，然后将数据发送到每个存储节点，并将其放置在相应的分区中。3 次写入至少成功 2 次，客户端才会收到上传成功的通知，随后异步更新容器数据库，以反映其中有一个新对象。

（2）下载（Download）：使用与上传时相同的哈希算法，确定分区索引，并查找包含该分区的存储节点，向其中一个存储节点发出获取对象的请求，如果请求失败，则向其他节点发出请求。

7.2.3 OpenStack 对象存储管理

OpenStack 对象存储管理有两种方式，分别为命令行和 Web UI。

1. 命令行方式

命令行方式是指在控制节点上执行相应命令来创建容器，并在容器中完成数据的上传和下载。

以下示例创建了一个名为 container1 的容器。

```
openstack container create container1
```

以下示例在容器 container1 中上传了一个 object.txt 文件，下载该文件并将其另存为 new-object.txt 文件。

```
openstack object create container1 object.txt
openstack object save --file new-object.txt container1 object.txt
```

OpenStack 对象存储管理常用的命令及其作用如表 7-1 所示。

表 7-1 OpenStack 对象存储管理常用的命令及其作用

命令	作用
openstack container create	创建容器
openstack container delete	删除容器
openstack container list	查看容器列表
openstack container save	本地保存容器内容
openstack container set	设置容器的属性
openstack container show	查看容器的细节
openstack container unset	取消设置容器的属性
openstack object create	上传文件（对象）到容器中
openstack object delete	删除容器中的文件（对象）
openstack object list	查看容器中的文件（对象）列表
openstack object save	本地保存文件（对象）内容
openstack object set	设置文件（对象）的属性
openstack object show	查看文件（对象）的细节

2. Web UI 方式

Web UI 方式是指管理员在 Web 页面中进行容器的创建及文件的上传、下载，对象存储管理页面如图 7-7 所示。

图 7-7　对象存储管理页面

7.3　实验：OpenStack 对象存储管理

1. 搭建实验拓扑

OpenStack 对象存储管理实验的拓扑包括 2 台云主机和 2 个子网，其中 2 台云主机分别安装了 OpenStack 的控制节点（Controller）和计算节点（Compute），2 台云主机的 eth0 端口连接提供商网络（Provider Network）、eth1 端口连接管理及数据网络（Management&Data Network），具体拓扑如图 7-8 所示。

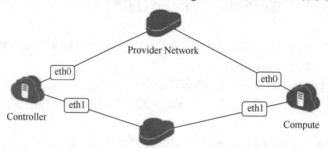

图 7-8　OpenStack 对象存储管理实验拓扑

OpenStack 对象存储管理实验环境信息如表 7-2 所示。

表 7-2　OpenStack 对象存储管理实验环境信息

设备名称	软件环境（镜像）	硬件环境
Controller	OpenStack Rocky Controller 桌面版	CPU：4 核。 内存：8GB。 磁盘：80GB
Compute	OpenStack Rocky Compute 桌面版	CPU：4 核。 内存：6GB。 磁盘：80GB
Provider Network	—	子网网段：30.0.1.0/24。 网关地址：30.0.1.1。 DHCP 服务：On
Management & Data Network	—	子网网段：30.0.2.0/24。 网关地址：30.0.2.1。 DHCP 服务：Off

接下来将分别介绍使用命令行方式和 Web UI 方式管理容器及文件的具体步骤。

2. 使用命令行方式管理容器

① 登录控制节点，打开命令行窗口，执行如下命令，切换至 root 用户并加载环境变量，如图 7-9 所示。

```
# su root
# cd
#. admin-openrc
```

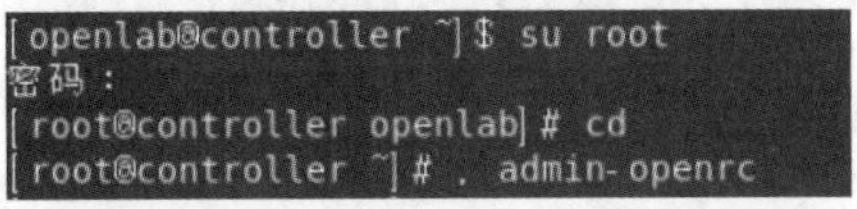

图 7-9　切换至 root 用户并加载环境变量

② 执行命令 **swift stat** 查看对象存储的详细信息，如图 7-10 所示。

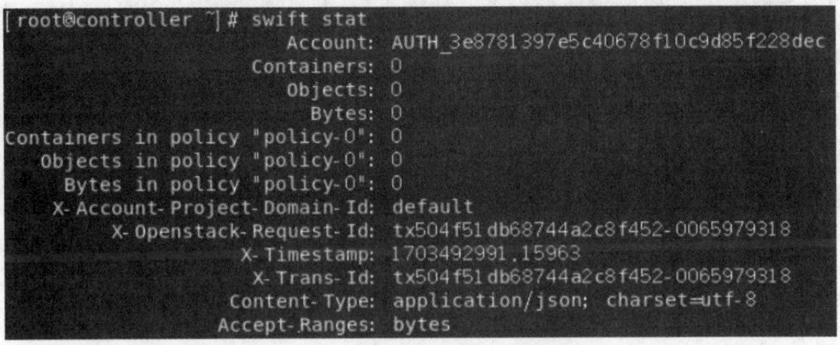

图 7-10　查看对象存储的详细信息

③ 执行命令 **openstack container create container1** 创建容器 container1，如图 7-11 所示。

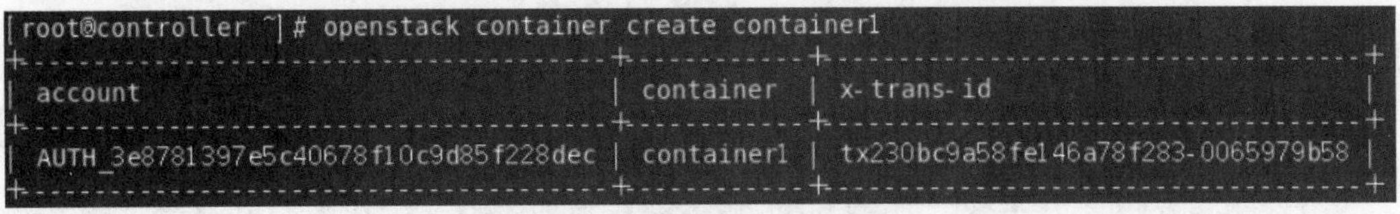

图 7-11　创建容器 container1

④ 执行命令 **echo openlab > object.txt** 创建文件 object.txt，同时在文件中写入内容 openlab，并使用 **cat** 命令查看文件内容，如图 7-12 所示。

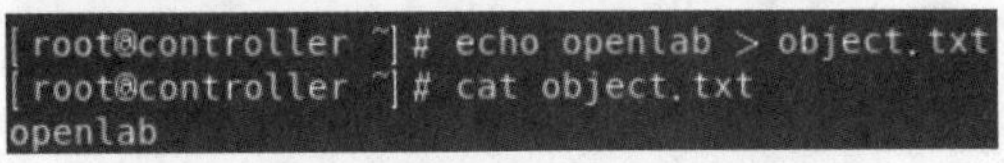

图 7-12　创建文件、写入并查看文件内容

⑤ 执行如下命令，将文件 object.txt 上传到容器 container1 中，如图 7-13 所示。

```
# openstack object create container1 object
```

图 7-13　将文件 object.txt 上传到容器 container1 中

⑥ 执行如下命令查看容器 container1 中的文件，如图 7-14 所示。

```
# openstack object list container1
```

图 7-14　查看容器 container1 中的文件

⑦ 执行如下命令下载容器 container1 中的文件，将该文件重命名并查看该文件，如图 7-15 所示。

```
# openstack object save --file new-object.txt container1 object.txt
#ll
```

```
[root@controller ~]# openstack object save --file new-object.txt container1 object.txt
[root@controller ~]# ll
总用量 12992
-rw-r--r--  1 root root      260 11月 27 15:27 admin-openrc
-rw-------. 1 root root     1363 9月  26 2019 anaconda-ks.cfg
-rw-r--r--  1 root root 13267968 11月 27 15:59 cirros-0.3.5-x86_64-disk.img
-rw-r--r--  1 root root      266 11月 27 15:28 demo-openrc
-rw-r--r--. 1 root root     1397 9月  26 2019 initial-setup-ks.cfg
-rw-r--r--  1 root root        8 1月   5 14:09 new-object.txt
-rw-r--r--  1 root root        8 1月   5 14:03 object.txt
-rw-r--r--  1 root root      264 12月  1 13:15 user1-openrc
drwxr-xr-x  3 root root     4096 1月  15 2020 yum-package
```

图 7-15　下载文件、将文件重命名并查看该文件

⑧ 执行命令 **cat new-object.txt** 查看已下载文件的内容，如图 7-16 所示。

```
[root@controller ~]# cat new-object.txt
openlab
```

图 7-16　查看已下载文件的内容

3. 使用 Web UI 方式管理容器

（1）从容器中下载文件

① 登录控制节点，进入 OpenStack Web 页面。

② 选择页面左侧导航栏中的"项目>对象存储>容器"选项，查看容器列表，可以看到刚刚用命令行方式创建的容器 container1，如图 7-17 所示。

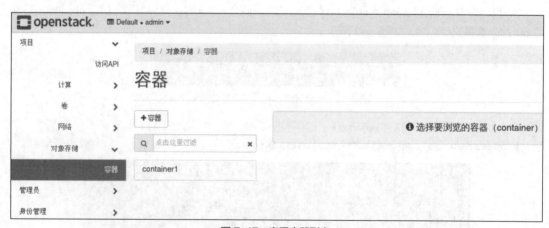

图 7-17　查看容器列表

③ 单击容器名称"container1"，查看容器详情，可以看到上传到容器 container1 中的文件 object.txt，如图 7-18 所示。

图 7-18 查看容器详情

④ 单击"下载"按钮，下载文件，如图 7-19 所示。

图 7-19 下载文件

⑤ 单击文件夹按钮，如图 7-20 所示。

图 7-20 单击文件夹按钮

⑥ 双击刚刚下载的文件 object.txt，查看文件内容，如图 7-21 所示。

图 7-21　查看文件内容

（2）删除文件和容器

① 在容器详情页面中勾选 object.txt 文件，单击删除按钮，在弹出的对话框中单击"删除"按钮，删除文件，如图 7-22 所示。

图 7-22　删除文件

② 单击"OK"按钮确认删除，如图 7-23 所示。

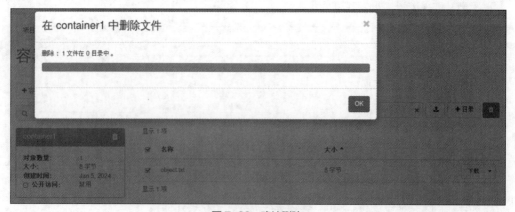

图 7-23　确认删除

③ 单击容器 container1 右侧的删除按钮，在弹出的对话框中单击"删除"按钮，删除容器，如图 7-24 所示。

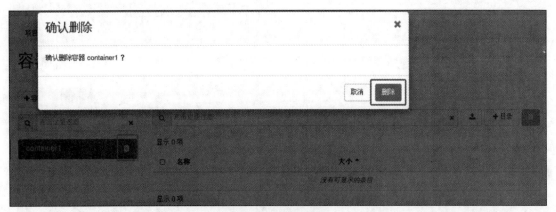

图 7-24　删除容器

④ 成功删除容器，如图 7-25 所示。

图 7-25　成功删除容器

（3）创建容器并上传文件

① 单击"容器"按钮，创建容器，如图 7-26 所示。

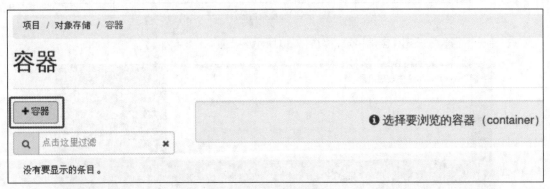

图 7-26　创建容器

② 填写容器名称 container2（可自定义），如图 7-27 所示，单击"提交"按钮。

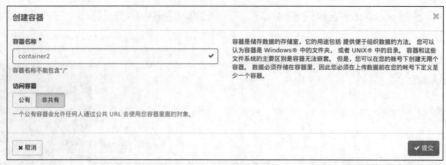

图 7-27　填写容器名称

③ 容器 container2 创建成功，如图 7-28 所示。

图 7-28　容器 container2 创建成功

（4）在容器中创建目录

① 单击容器名称"container2"，查看容器详情，如图 7-29 所示。

图 7-29　查看容器详情

② 单击"目录"按钮，创建目录，如图 7-30 所示。

图 7-30　创建目录

③ 在"目录名"文本框中填写目录名称 test（可自定义），如图 7-31 所示，单击"创建目录"按钮。

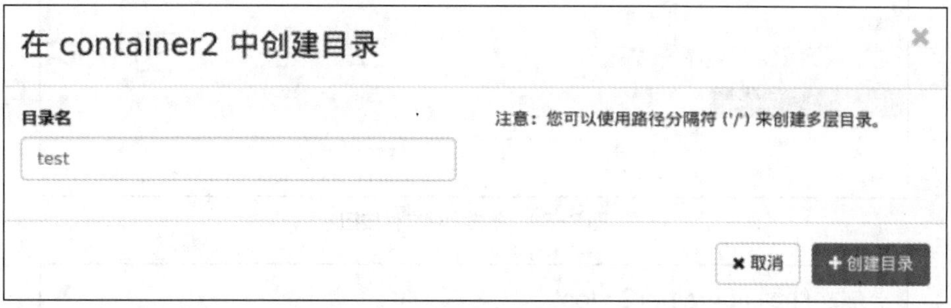

图 7-31　填写目录名称

④ 目录创建成功，如图 7-32 所示。

图 7-32　目录创建成功

⑤ 单击目录名称"test"，查看目录，如图 7-33 所示。

图 7-33　查看目录

（5）在目录中上传文件

① 单击上传文件按钮，如图 7-34 所示。

② 单击"浏览"按钮，如图 7-35 所示。

图 7-34　单击上传文件按钮

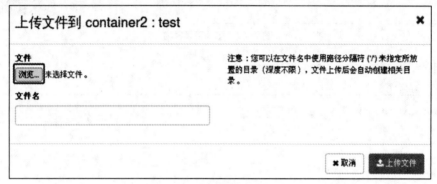

图 7-35　单击"浏览"按钮

③ 选择"下载"目录中的 object.txt 文件，单击"打开"按钮，打开文件，如图 7-36 所示。

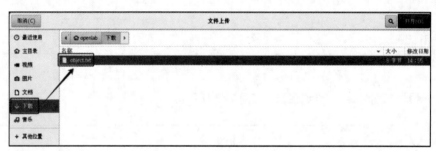

图 7-36　打开文件

④ 在"文件名"文本框中修改文件名为 object1.txt，如图 7-37 所示，单击"上传文件"按钮上传文件。

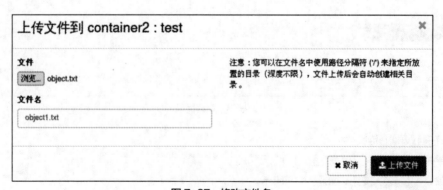

图 7-37　修改文件名

⑤ 文件上传成功，如图 7-38 所示。

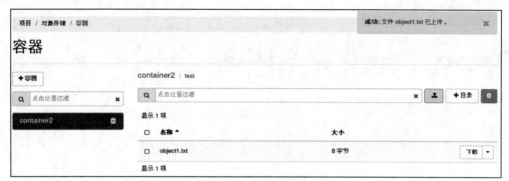

图 7-38　文件上传成功

7.4　小结

本模块着重阐述了 OpenStack 的对象存储服务 Swift。首先，讲解了 Swift 的层次架构和系统架构，详细描述了 Swift 各个服务器的功能，重点介绍了环、一致性哈希算法和最终一致性模型等 Swift 关键技术。随后，实验部分向读者演示了使用命令行和 Web UI 两种容器管理方式，对容器进行创建、管理等操作，同时演示了文件的上传和下载操作。通过本模块的学习，读者可以掌握 OpenStack 对象存储服务的关键技术及操作，从而更好地深入了解 OpenStack。

模块 8

OpenStack安全服务

## 08

学习目标

【知识目标】

OpenStack 作为开源的云计算平台，具备对计算、网络和存储等资源统一进行管理和调度的能力。然而，随着云环境日益复杂和业务的持续增长，保障 OpenStack 云计算平台的安全性成为云计算从业者面临的关键挑战。

在 OpenStack 中，网络资源至关重要，它是各节点之间、OpenStack 各项目之间及各业务应用之间沟通的"桥梁"。因此，其安全性对整个云计算平台的稳定性和数据的保密性具有决定性的影响。为了增强云环境中虚拟机和网络的安全防护能力，Neutron 采用了安全组（Security Group）和防火墙即服务（Firewall as a Service，FWaaS）等多重机制，为用户提供多层次的安全保障。

对于 OpenStack 安全服务，需要掌握以下知识。

- 安全组的基本概念、安全组规则。
- 安全组实现原理。
- FWaaS 的基本概念。
- FWaaS 的实现原理。

【技能目标】

- 能够用命令行方式创建和管理安全组。
- 能够用 Web UI 方式创建和管理安全组。
- 能够用命令行方式管理 FWaaS。

8.1 情景引入

财务部门作为公司的核心部门之一，其云端服务部署在一个独立的网段内。由于财务部门的数据敏感，对安全性的要求极为严格，因此公司希望对其访问进行严格的控制。小王在接到任务后，对 OpenStack 的安全服务进行了学习，了解到其中的两个关键技术：安全组和 FWaaS。

OpenStack 安全组类似于虚拟机的主机防火墙，能够实现对单台虚拟机的安全保障，然而，其局限在于无法从网段层面实施安全性访问控制。为了弥补这一不足，小王在网络中除了应用安全组外，还引入了 FWaaS 来进一步保障网络安全。FWaaS 作为一种网段间的安全控制机制，能够在跨网段的情况下对整个网段内的所有虚拟机提供全面的安全防护。

通过安全组和 FWaaS 的配置，公司成功地实现了对财务部门云端服务的严格访问控制。这既保证了财务部门服务的稳定运行，又显著降低了未授权访问和数据泄露的风险。同时，这些安全措施为公司的数字化转型提供了坚实的网络安全保障。

8.2 相关知识

8.2.1 安全组

1. OpenStack 安全组简介

微课 8-1

OpenStack 安全组是用于控制实例的入站和出站网络流量的虚拟防火墙规则，可以在端口级别实现对实例网络通信的访问控制。安全组采用默认拒绝策略，只有符合规则的报文才能通过，即以白名单形式放通流量。换句话说，当一个实例关联一个空规则安全组时，该云实例的流量既进不去又出不来。实例的每个端口可以引用一个或多个安全组，以增量的方式进行配置。实际应用时，防火墙驱动程序将安全组规则转换为底层数据包过滤技术（如 Iptables）的配置从而使安全组规则生效，实现对云实例网络流量的精准控制，并保障实例安全。

OpenStack 安全组规则是有状态的。当设置规则允许传输控制协议（Transmission Control Protocol，TCP）的 22 端口接收入站流量时，系统会自动处理并允许与该入站连接相对应的出站流量通过，同时会自动处理涉及这些 TCP 连接的互联网控制报文协议（Internet Control Message Protocol，ICMP）错误消息。默认情况下，所有安全组都包含一系列基本规则和防欺骗规则，具体如下。

① 允许 DHCP Client 广播和单播报文。

② 允许 DHCP Server 发来的广播或单播报文，以便实例可以获取 IP 地址。

③ 丢弃实例发出的所有 DHCP Server 报文，防止实例充当 DHCP Server。

④ 允许入站/出站的 ICMPv6 多播监听发现消息、邻居请求消息和邻居发现消息，以便实例可以发现邻居并加入组播组。

⑤ 拒绝出站 ICMPv6 路由器通告，防止实例充当 IPv6 路由器，并转发其他实例的 IPv6 流量。

⑥ 允许实例使用特定实例的源 MAC 地址和未指定 IPv6 地址（::），发送 ICMPv6 多播监听报告和邻居请求消息，确保其他设备能够正确地识别该实例，并正确执行重复地址检测过程。

⑦ 允许非 IP 流量出站，流量的源 MAC 地址为实例端口的 MAC 地址，或者为实例端口上允许的地址对中的任何其他 MAC 地址。

⑧ 为了防止 MAC 欺骗，从实例发出的报文必须严格匹配 MAC 地址和 IP 地址，只允许使用实例端口的源 MAC 地址和 IP 地址，或者相关 EUI-64 链路生成的本地 IPv6 地址的出站流量通过。

这些规则无法禁用或删除，除非将端口属性 port_security_enabled 设置为 False 来禁用包括基本规则和防欺骗规则在内的所有安全组规则。

2. OpenStack 安全组规则

OpenStack 中的每个项目都包含一个默认安全组，如图 8-1 所示，默认安全组包含 4 条规则，两条入口方向的规则，两条出口方向的规则，规则的意义如下。

① 出口方向：允许任何协议、任何端口的 IPv4 或 IPv6 报文出去。

② 入口方向：允许来自同一个安全组关联的端口的任何协议、任何端口的 IPv4 或 IPv6 报文进入。

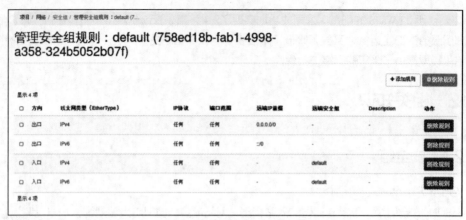

图 8-1 OpenStack 默认安全组

默认安全组中的规则可以修改。如果启动一个实例，没有指定安全组，则默认安全组会自动应用到该实例。同样，如果创建一个没有指定安全组的端口，则默认安全组会自动应用到该端口。

用户可以自定义安全组，每个安全组可以包括多个规则。其中，添加规则时需要填写的信息如图 8-2 所示。

图 8-2 添加规则时需要填写的信息

① 规则：指定期望的规则模板或者使用定制规则，如所有"TCP""HTTP""DNS""定制 TCP规则""定制 UDP 规则"等。

② 方向：有"入口"和"出口"两个选项。

③ 打开端口：有"端口""端口范围""所有端口"3 个选项。选择"端口"选项时，会联动出现"端口"选项，需要输入具体的端口号，范围为 1～65535；选择"端口范围"选项时，会联动出现"起始端口号"和"终止端口号"选项，范围均为 1～65535；选择"所有端口"选项时，会默认打开 1～65535 范围内的所有端口。需要注意的是，此选项会随着"规则"选项的变化而变化，如当

"规则"选择"定制 TCP 规则"或"定制 UDP 规则"选项时,"打开端口"选项可设为单个端口(如 8080)或一定的端口范围(如 1~65535),当选择"定制 ICMP 规则"选项时,需输入指定 ICMP 类型和代码。

④ 远程:表示允许通过该规则的流量的来源,有"CIDR"和"安全组"两个选项。CIDR 即无类别域间路由选择(Classless Inter-Domain Routing)。选择"CIDR"选项时,需联动填写 IP 地址块,用于指定安全组开放的源或目的 IP 地址,如填写 0.0.0.0/0,表示允许所有 IP 地址访问;选择"安全组"选项时,需填写安全组名称及以太网类型,用于指定该安全组中的任何实例都被允许使用该规则访问任一其他实例。

3. OpenStack 安全组特性

在 OpenStack 中,一个安全组可以与多个实例关联,同样,一个实例也可以关联多个安全组。当一个实例关联多个安全组时,相当于多个安全组规则集合的并集,这意味着实例将遵循所有关联的安全组规则。当其端口发出或者收到的报文匹配到其关联的任意一个安全组中的某个规则时就放行该报文。由于 OpenStack 安全组采用白名单机制,只要是规则中明确允许的数据流量就可以通过,与安全组规则的配置顺序无关。因此,在实际配置安全组规则时,不需要关注规则的匹配顺序,只需确保规则集中包含了所有必要的规则。

4. OpenStack 实例网络流量路径

OpenStack Neutron 支持使用不同的驱动程序来实现虚拟网络,以 ML2+VXLAN+Linux Bridge 实现方案为例,其简化的实例网络流量路径如图 8-3 所示。

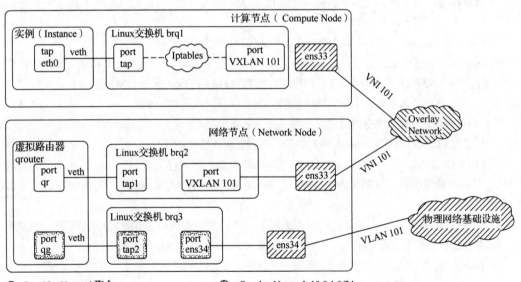

图 8-3　简化的实例网络流量路径

① 在计算节点上,实例通过 veth 口 tap eth0 将数据包发送到 Linux 交换机 brq1 的 veth 口 port tap 上。

② Linux 交换机 brq1 上的安全组由 Iptables 实现,负责实例的安全防护。若允许数据包通过,则 Linux 交换机 brq1 将数据包转发给 port VXLAN 101 接口。

③ port VXLAN 101 接口使用 VNI 101 对数据包进行封装，然后 VXLAN 底层的物理接口 ens33 通过 Overlay Network 将数据包转发到网络节点。

④ 在网络节点上，VXLAN 底层物理节点 ens33 将数据包转发给 Linux 交换机 brq2 的 port VXLAN 101 接口。

⑤ port VXLAN 101 接口对数据包进行解封。

⑥ Linux 交换机 brq2 通过 veth 口 port tap1 将数据包转发给虚拟路由器 qrouter 的 veth 口 port qr。

⑦ 对于 IPv4，虚拟路由器 qrouter 对数据包执行源网络地址转换操作更改 IP 地址，并通过 veth 口 port qg 将其发送到 Linux 交换机 brq3 的 veth 口 port tap2。对于 IPv6，虚拟路由器 qrouter 通过 veth 口 port qg 将数据包直接发送到 Linux 交换机 brq3 的 veth 口 port tap2。

⑧ Linux 交换机 brq3 上的接口 port ens34 将数据包转发到底层物理网络接口 ens34 上。

⑨ 最后底层物理网络底层接口 ens34 为数据包添加 VLAN 标签 101，并将其发送到外部网络。

5. OpenStack 安全组实现原理

由 OpenStack 实例网络流量路径可知，OpenStack 安全组是通过在 Linux 交换机上添加 Iptables 规则实现安全组功能的，而 Iptables 的实现依赖于"四表五链"。

Iptables 的表（Table）是多个链的集合，其中包括 Raw 表、Mangle 表、Nat 表和 Filter 表这 4 个内置表。

① Raw 表：可以让数据包跳过链接跟踪和 NAT。

② Mangle 表：修改数据包中的内容，如 TTL、QoS 等。

③ Nat 表：实现网络地址转换。

④ Filter 表：Iptables 默认使用的表，实现数据包过滤功能。

链（Chain）是多个规则的集合，规则按从上到下的顺序依次进行匹配。Iptables 规则的链包括 INPUT 链、OUTPUT 链、FORWARD 链、PREROUTING 链和 POSTROUTING 链。

① INPUT 链：进入本地主机防火墙内部的数据包会应用此链中的规则。

② OUTPUT 链：从本地主机经过防火墙发出的数据包会应用此链中的规则。

③ FORWARD 链：需要 Iptables 转发的数据包会应用此链中的规则。

④ PREROUTING 链：到达本地主机并在路由转发前的数据包会应用此链中的规则。此链用于 DNAT。针对本地主机外到达防火墙的报文，所有的数据包进来时都会优先由 PREROUTING 链进行处理。

⑤ POSTROUTING 链：路由之后需要离开本地主机的数据包会应用此链中的规则。此链用于 SNAT。本地主机内的报文要从防火墙出去时，需要由 POSTROUTING 链进行处理。

由 Iptables 规则流向图（见图 8-4）可知，所有进入本地主机的数据包依次匹配 Raw 表、Mangle 表和 Nat 表中 PREROUTING 链的规则。随后本地主机将进行路由选择，如果数据包的目的地址是本地主机自己，那么接下来由 INPUT 链来处理，此时数据包将经过 Mangle 表、Nat 表、Filter 表，被拆包并发往本地主机的进程。而从本地主机发出的流量，经过路由选择后进入 OUTPUT 链，分别经过 Raw 表、Mangle 表、Nat 表、Filter 表后，交给 POSTROUTING 链进行处理。如果数据包不是发往本地主机的，则会经过 PREROUTING 链、FORWARD 链和 POSTROUTING 链。

因此，要在计算节点上实现安全组规则，需要在 Filter 表的 FORWARD 链上设置相应的规则。这样无论是经由本地主机转发，还是发往本地主机及本地主机发出去的流量，都有特定的表和规则链进行处理。

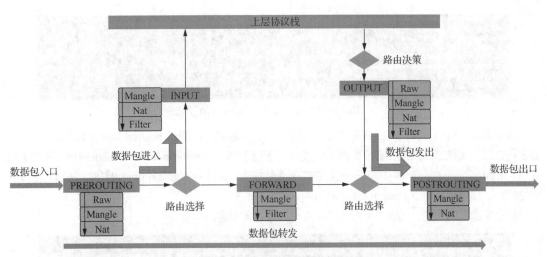

图 8-4　Iptables 规则流向图

以在 OpenStack 云平台上创建一个实例 VM1 为例进行说明，VM1 的 IP 地址为 10.1.1.4、port ID 为 fade9e18-e05e，使用默认安全组。根据之前的分析，实例的安全组规则定义在 Filter 表的 FORWARD 链上，在 OpenStack 计算节点上查看此链的规则，如图 8-5 所示。

```
[root@compute ~]# iptables -n --line-number -L FORWARD
Chain FORWARD (policy ACCEPT)
num  target          prot opt source              destination
1    neutron-filter-top   all  --  0.0.0.0/0           0.0.0.0/0
2    neutron-linuxbri-FORWARD  all  --  0.0.0.0/0      0.0.0.0/0
[root@compute ~]#
```

图 8-5　查看 FORWARD 链的规则

该链上一共有两条规则，FORWARD 链会跳转到 neutron-filter-top 子链上，而 neutron-filter-top 子链会跳到 neutron-linuxbri-local 子链上，如图 8-6 所示，neutron-linuxbri-local 链是空链，因此会直接返回 FORWARD 链。

```
[root@compute ~]# iptables -n --line-number -L neutron-filter-top
Chain neutron-filter-top (2 references)
num  target          prot opt source              destination
1    neutron-linuxbri-local  all  --  0.0.0.0/0       0.0.0.0/0
[root@compute ~]#
```

图 8-6　neutron-filter-top 子链的规则

返回 FORWARD 链后继续匹配第 2 条规则，跳转到 neutron-linuxbri-FORWARD 子链上，查看该链的规则，如图 8-7 所示。

```
[root@compute ~]# iptables -n --line-number -L neutron-linuxbri-FORWARD
Chain neutron-linuxbri-FORWARD (1 references)
num  target          prot opt source              destination
1    neutron-linuxbri-sg-chain  all  --  0.0.0.0/0       0.0.0.0/0           PHYSDEV match --physdev-out tapfad
e9e18-e0 --physdev-is-bridged /* Direct traffic from the VM interface to the security group chain. */
2    neutron-linuxbri-sg-chain  all  --  0.0.0.0/0       0.0.0.0/0           PHYSDEV match --physdev-in tapfade
9e18-e0 --physdev-is-bridged /* Direct traffic from the VM interface to the security group chain. */
[root@compute ~]#
```

图 8-7　查看 neutron-linuxbri-FORWARD 子链的规则

该链上一共有两条规则，tapfade9e18-e0 是实例 port 对应的 Tap 设备，这两条规则表明无论是从这个 Tap 设备进入的还是发出的数据包都将进入 neutron-linuxbri-sg-chain 子链进行处理。查看 neutron-linuxbri-sg-chain 子链的规则，如图 8-8 所示。

```
[root@compute ~]# iptables -n --line-number -L neutron-linuxbri-sg-chain
Chain neutron-linuxbri-sg-chain (2 references)
num  target         prot opt source            destination
1    neutron-linuxbri-ifade9e18-e  all -- 0.0.0.0/0        0.0.0.0/0          PHYSDEV match --physdev-out tapfa
de9e18-e0 --physdev-is-bridged /* Jump to the VM specific chain. */
2    neutron-linuxbri-ofade9e18-e  all -- 0.0.0.0/0        0.0.0.0/0          PHYSDEV match --physdev-in tapfad
e9e18-e0 --physdev-is-bridged /* Jump to the VM specific chain. */
3    ACCEPT         all -- 0.0.0.0/0         0.0.0.0/0
[root@compute ~]#
```

图 8-8　查看 neutron-linuxbri-sg-chain 子链的规则

从规则可以看出，实例入口方向流量（即进入实例的流量）都通过 neutron-linuxbri-ifade9e18-e 子链进行处理，实例出口方向流量（即从实例发出的流量）都通过 neutron-linuxbri-ofade9e18-e 子链进行处理。neutron-linuxbri-ifade9e18-e 子链对应实例入站规则，neutron-linuxbri-ofade9e18-e 子链对应实例出站规则。实例规则链以 neutron-linuxbri-i/o+port 方式命名。

查看实例入站规则，如图 8-9 所示，该链一共有 6 条规则。

```
[root@compute ~]# iptables  -n  --line-number -L neutron-linuxbri-ifade9e18-e
Chain neutron-linuxbri-ifade9e18-e (1 references)
num  target  prot opt source            destination
1    RETURN  all -- 0.0.0.0/0         0.0.0.0/0          state RELATED,ESTABLISHED /* Direct packets associat
ed with a known session to the RETURN chain. */
2    RETURN  udp -- 0.0.0.0/0         10.1.1.4           udp spt:67 dpt:68
3    RETURN  udp -- 0.0.0.0/0         255.255.255.255    udp spt:67 dpt:68
4    RETURN  all -- 0.0.0.0/0         0.0.0.0/0          match-set NIPv4758ed18b-fab1-4998-a358- src
5    DROP    all -- 0.0.0.0/0         0.0.0.0/0          state INVALID /* Drop packets that appear related to
an existing connection (e.g. TCP ACK/FIN) but do not have an entry in conntrack. */
6    neutron-linuxbri-sg-fallback all -- 0.0.0.0/0       0.0.0.0/0          /* Send unmatched traffic to the
fallback chain. */
```

图 8-9　查看实例入站规则

其中，第 1 条规则主要用于放行回包；第 2 条和第 3 条规则主要用于放行 DHCP 广播包；第 4 条规则用于放行来源名为"NIPv4758ed18b-fab1-4998-a358-"的 IPset 中的所有 IP 地址的网络流量；第 5 条规则主要用于丢弃无用的包；第 6 条规则用于处理所有安全组规则都不匹配的包。

查看实例出站规则，如图 8-10 所示，该链中一共有 8 条规则。

```
[root@compute ~]# iptables  -n  --line-number -L neutron-linuxbri-ofade9e18-e
Chain neutron-linuxbri-ofade9e18-e (2 references)
num  target        prot opt source            destination
1    RETURN        udp -- 0.0.0.0         255.255.255.255    udp spt:68 dpt:67 /* Allow DHCP client traffic. */
2    neutron-linuxbri-sfade9e18-e  all -- 0.0.0.0/0       0.0.0.0/0
3    RETURN        udp -- 0.0.0.0/0         0.0.0.0/0          udp spt:68 dpt:67 /* Allow DHCP client traffic. */
4    DROP          udp -- 0.0.0.0/0         0.0.0.0/0          udp spt:67 dpt:68 /* Prevent DHCP Spoofing by VM. */
5    RETURN        all -- 0.0.0.0/0         0.0.0.0/0          state RELATED,ESTABLISHED /* Direct packets associat
ed with a known session to the RETURN chain. */
6    RETURN        all -- 0.0.0.0/0         0.0.0.0/0
7    DROP          all -- 0.0.0.0/0         0.0.0.0/0          state INVALID /* Drop packets that appear related to
an existing connection (e.g. TCP ACK/FIN) but do not have an entry in conntrack. */
8    neutron-linuxbri-sg-fallback all -- 0.0.0.0/0       0.0.0.0/0          /* Send unmatched traffic to the
fallback chain. */
```

图 8-10　查看实例出站规则

其中，第 1 条规则和第 3 条规则用于放行实例的 DHCP Client 广播包；第 2 条规则其实是 Neutron 默认开启的 anti snoop 反欺骗功能，只有 Neutron port 分配的 IP 地址和 MAC 地址才能通过；第 4 条规则用于阻止 DHCP 欺骗，避免用户在虚拟机内部自己启动一个 DHCP Server 影响 Neutron 的 DHCP Server；第 5 条规则用于放行回包；第 6 条规则用于放行所有包；第 7 条规则用于丢弃所有无用的包；第 8 条规则用于处理与所有安全组规则都不匹配的包，跳转到 neutron-linuxbri-sg-fallback 链，而该链其实只有一条规则，即 DROP ALL，因此不匹配安全组规则的包都会被丢弃。

6. OpenStack 安全组管理

OpenStack 安全组管理有两种方式，分别为命令行和 Web UI。

（1）命令行方式

使用命令行方式管理安全组时，需要在控制节点上执行 OpenStack 命令。OpenStack 安全组管理常用的命令及其作用如表 8-1 所示。

表 8-1 OpenStack 安全组管理常用的命令及其作用

命令	作用
openstack security group list	查看安全组列表
openstack security group create	创建安全组
openstack security group delete	删除安全组
openstack security group set	更新安全组
openstack security group show	查看安全组的详细信息
openstack security group rule list	查看安全组规则列表
openstack security group rule create	创建安全组规则
openstack security group rule delete	删除安全组规则
openstack security group rule set	更新安全组规则
openstack security group rule show	查看安全组规则的详细信息

（2）Web UI 方式

在控制节点的浏览器的地址栏中输入网址 http://controller/dashboard/project/security-groups，按 Enter 键，进入安全组管理页面，如图 8-11 所示，创建安全组并管理规则。

图 8-11　安全组管理页面

这里以创建一个安全组，要求允许 ping 操作和 SSH 远程访问为例进行说明。用命令行方式创建一个安全组 terry，命令如下。

```
openstack security group create terry --description "allow ping and ssh"
```

安全组创建成功，如图 8-12 所示。

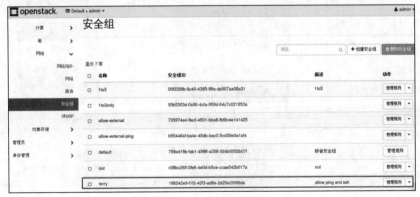

图 8-12　安全组创建成功

安全组创建完成之后，选择刚创建的安全组，使用命令行方式在安全组中添加规则，指定虚拟机实例对哪些网络开放哪些端口，命令如下。

```
openstack security group rule create --proto icmp terry
openstack security group rule create --proto tcp --dst-port 22 terry
```

安全组规则创建成功，如图 8-13 所示。

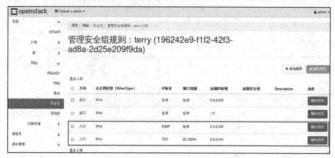

图 8-13　安全组规则创建成功

规则创建完成后，可验证控制节点或者其他公有网络上的主机能否与实例互通，能否以 SSH 方式远程访问实例。

8.2.2　FWaaS

1. OpenStack FWaaS 简介

安全组和 FWaaS 都是 OpenStack 中的安全保障机制，但它们的功能有所不同。安全组是一种作用于虚拟机级别的安全策略，主要用于控制进出虚拟机的网络流量；而 FWaaS 是一种作用于子网级别的安全策略，不是 OpenStack 必备服务，用户可根据需求自行决定是否部署使用。在实际场景中，防火墙主要用于防止外来的攻击，因此 FWaaS 通常用于过滤进入特定子网的流量，从而实现对整个子网内

微课 8-2

所有虚拟机的安全防护。然而，FWaaS 并不具备管理同子网内不同虚拟机之间相互访问网络流量的能力。因此，两者在应用位置上也存在差异，如图 8-14 所示。

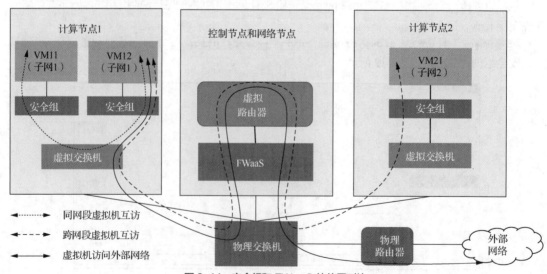

图 8-14　安全组和 FWaaS 的位置对比

根据图 8-14 所示的流量路径，可以观察到在虚拟路由器应用了 FWaaS 的情况下，流量的安全性管控存在差异。当虚拟机在同一网段内进行互访时，其流量仅受安全组控制，例如，VM11 访问与其处于同一子网的 VM12 时，其流量仅受这两台虚拟机安全组的控制。然而，当虚拟机跨网段进行互访时，无论是与不同网段的虚拟机通信还是访问外部网络，其流量都将受到安全组和 FWaaS 的双重控制。举例说明，当 VM12 尝试访问位于不同子网的 VM21 时，其流量不仅受到 VM12 和 VM21 各自安全组的控制，还受到虚拟路由器上应用的 FWaaS 策略的限制。同样，当 VM21 访问外部网络时，其流量也会受到自身安全组和虚拟路由器上的 FWaaS 策略的共同管控。

在整个 OpenStack 的发展历程中，FWaaS 经历了 v1 到 v2 版本的迭代。FWaaS v1 主要作用于路由器级别，当防火墙应用于路由器时，所有路由器端口都会统一应用防火墙策略，这种设计在一定程度上限制了其灵活性。因此，FWaaS v1 在 OpenStack 的 Newton 版本中被弃用，并在随后的 Stein 版本中被完全删除。相较之下，FWaaS v2 提供了更为灵活和精细化的服务。在 v2 版本中，防火墙功能由入口策略和出口策略共同实现，这使得防火墙的概念得以升级为防火墙组。此外，防火墙组的应用范围已从路由器级别调整为路由器的端口级别，从而实现了更加精细化的控制。

FWaaS v2 的核心概念包括防火墙组、防火墙策略和防火墙规则。

① 防火墙组（Firewall Group）：用户能够创建和管理的防火墙资源，使用时需与某个防火墙策略关联并将策略应用为入口策略或者出口策略。在实际情况中，作为入口策略更为普遍。

② 防火墙策略（Firewall Policy）：规则的有序集合，防火墙会按策略内的规则顺序匹配并应用规则。

③ 防火墙规则（Firewall Rule）：指定了一组属性（如端口范围、协议和 IP 地址等），构成匹配条件及匹配流量时要采取的操作（允许或拒绝）。

防火墙的实现机制依赖于配置文件 fwaas_driver.ini 中所指定的驱动。由于各类驱动在底层实现上存在差异，因此它们的操作方式各不相同。例如，Open vSwitch 驱动主要通过流表中的流条目来实施防火墙规则，而 Iptables 驱动依赖于 Iptables 规则来构建防火墙。下面将重点探讨在 Iptables 驱动下的 FWaaS v2，如图 8-15 所示。

```
[root@controller neutron]# vim /etc/neutron/fwaas_driver.ini
[fwaas]
agent_version = v2
driver = neutron_fwaas.services.firewall.service_drivers.agents.drivers.linux.iptables_fwaas_v2.IptablesFwaasDriver
```

图 8-15　在 Iptables 驱动下的 FWaaS v2

基于 Iptables 驱动实现的 FWaaS v2 允许用户自定义防火墙规则，进而应用于路由器的特定端口。应用后，这些防火墙规则将转化为 Iptables 规则，对端口所连接的子网起保护作用。值得一提的是，FWaaS v2 通过实时监控 API 的更新，并同步调整 Iptables 规则，实现了防火墙规则的实时性动态管理。用户可以在不中断网络服务的前提下，随时根据需要调整防火墙规则，这一特性使得 FWaaS v2 在云环境中表现出极高的灵活性和强大的网络安全治理能力。

2. OpenStack FWaaS 的实现原理

FWaaS 规则与安全组规则的实现具有相似的特性，均在 Filter 表中进行定义和实现。现以自定义的 ssh_deny 防火墙规则为例，分析防火墙规则与由此产生的 Iptables 规则间的内在联系，讲解 FWaaS 的实现原理。

OpenStack 内部网络规划的简化拓扑如图 8-16 所示。

自定义防火墙规则 ssh_deny 禁止源 IP 地址 10.1.1.9 执行 SSH 访问，其详细信息如图 8-17 所示。

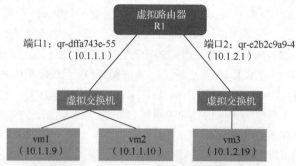

图 8-16　OpenStack 内部网络规划的简化拓扑

```
[root@controller ~]# openstack firewall group rule show ssh_deny
+----------------------+---------------------------------------------+
| Field                | Value                                       |
+----------------------+---------------------------------------------+
| Action               | deny                                        |
| Description          |                                             |
| Destination IP Address | None                                      |
| Destination Port     | 22                                          |
| Enabled              | True                                        |
| ID                   | 43e70e83-fa17-4a5b-a3ef-200f786104a1        |
| IP Version           | 4                                           |
| Name                 | ssh_deny                                    |
| Project              | 3e8781397e5c40678f10c9d85f228dec            |
| Protocol             | tcp                                         |
| Shared               | False                                       |
| Source IP Address    | 10.1.1.9                                    |
| Source Port          | None                                        |
| firewall_policy_id   | [u'97c39644-2a4d-4617-85f7-00b1d9ee5d3e']   |
| project_id           | 3e8781397e5c40678f10c9d85f228dec            |
+----------------------+---------------------------------------------+
```

图 8-17　自定义防火墙规则 ssh_deny 的详细信息

将 ssh_deny 规则设定为入口策略，并应用于虚拟路由器 R1 的端口 qr-e2b2c9a9-4c（即端口 2）。下面详细对比应用此规则前后 Iptables 规则的变化，如图 8-18 所示。

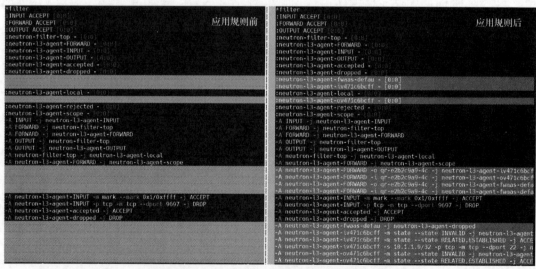

图 8-18　应用 ssh_deny 前后 Iptables 规则的变化

可以看到应用防火墙规则后，Iptables 在 Filter 表中增加了 3 条自定义链和 10 条规则。3 条自定义链分别是 neutron-l3-agent-fwaas-defau、neutron-l3-agent-iv471c6bcff 和 neutron-l3-agent-ov471c6bcff。其中，自定义链名称后的[0:0]表示未处理任何数据包。

```
:neutron-l3-agent-fwaas-defau - [0:0]
:neutron-l3-agent-iv471c6bcff - [0:0]
:neutron-l3-agent-ov471c6bcff - [0:0]
```

为了更好地理解 FWaaS 的实现原理,现对应用 ssh_deny 规则后新增的 10 条 Iptables 规则进行重新排序,并分模块进行详细解读。

（1）理解自定义链 neutron-l3-agent-iv471c6bcff

```
-A neutron-l3-agent-FORWARD -o qr-e2b2c9a9-4c -j neutron-l3-agent-iv471c6bcff
-A neutron-l3-agent-iv471c6bcff -m state --state INVALID -j neutron-l3-agent-dropped
-A neutron-l3-agent-iv471c6bcff -m state --state RELATED,ESTABLISHED -j ACCEPT
-A neutron-l3-agent-iv471c6bcff -s 10.1.1.9/32 -p tcp -m tcp --dport 22 -j
neutron-l3-agent-dropped
```

① 第 1 条规则表示当数据包从 R1 的端口 qr-e2b2c9a9-4c（即端口 2）输出时,将被转发到 neutron-l3-agent-iv471c6bcff 链进行处理。

② 第 2 条规则表示当数据包经过 neutron-l3-agent-iv471c6bcff 链时,如果数据包状态为 INVALID（无效）,则将被传送到 neutron-l3-agent-dropped 链进行处理,即数据包将会被丢弃。

③ 第 3 条规则表示当数据包经过 neutron-l3-agent-iv471c6bcff 链时,如果数据包状态为 RELATED（相关）或 ESTABLISHED（已建立）,则将被接受（ACCEPT）,即允许通过。

④ 第 4 条规则表示当数据包经过 neutron-l3-agent-iv471c6bcff 链时,如果数据包的源 IP 地址为 10.1.1.9、协议为 TCP、目标端口为 22,则将被传送到 neutron-l3-agent-dropped 链进行处理,即数据包将会被丢弃。

（2）理解自定义链 neutron-l3-agent-ov471c6bcff

```
-A neutron-l3-agent-FORWARD -i qr-e2b2c9a9-4c -j neutron-l3-agent-ov471c6bcff
-A neutron-l3-agent-ov471c6bcff -m state --state INVALID -j neutron-l3-agent-dropped
-A neutron-l3-agent-ov471c6bcff -m state --state RELATED,ESTABLISHED -j ACCEPT
```

① 第 1 条规则表示当数据包从 R1 的端口 qr-e2b2c9a9-4c（即端口 2）输入时,将被转发到 neutron-l3-agent-ov471c6bcff 链进行处理。

② 第 2 条规则表示当数据包经过 neutron-l3-agent-ov471c6bcff 链时,如果数据包状态为 INVALID（无效）,则将被传送到 neutron-l3-agent-dropped 链进行处理,即数据包将会被丢弃。

③ 第 3 条规则表示当数据包经过 neutron-l3-agent-ov471c6bcff 链时,如果数据包状态为 RELATED（相关）或 ESTABLISHED（已建立）,则将被接受（ACCEPT）,即允许通过。

（3）理解自定义链 neutron-l3-agent-fwaas-defau

```
-A neutron-l3-agent-FORWARD -o qr-e2b2c9a9-4c -j neutron-l3-agent-fwaas-defau
-A neutron-l3-agent-FORWARD -i qr-e2b2c9a9-4c -j neutron-l3-agent-fwaas-defau
-A neutron-l3-agent-fwaas-defau -j neutron-l3-agent-dropped
```

① 第 1 条和第 2 条规则分别表示当数据包从 R1 的端口 qr-e2b2c9a9-4c（即端口 2）输出、输入时,将被转发到 neutron-l3-agent-fwaas-defau 链进行处理。

② 第 3 条规则表示当数据包经过 neutron-l3-agent-fwaas-defau 链时,将被传送到 neutron-l3-agent-dropped 链进行处理,即数据包将会被丢弃。

经过上述分析,可以得出关键性结论:当自定义防火墙规则 ssh_deny 作为入口策略应用于 R1 的端口 2 时,其底层的 Iptables 规则表现如下。

① 对于从 R1 的端口 2 输出的数据包,如果数据包状态为 INVALID,则该数据包将被丢弃;如果数据包状态为 RELATED 或 ESTABLISHED,则该数据包将被接受;若其源 IP 地址为 10.1.1.9,使用 TCP,且目标端口为 22,则该数据包将被丢弃;对于未被列出的其他情况,该数据包均被丢弃。

137

② 对于从 R1 的端口 2 输入的数据包，如果数据包状态为 INVALID，则该数据包将被丢弃；如果数据包状态为 RELATED 或 ESTABLISHED，则该数据包将被接受；对于未被列出的其他情况，该数据包均被丢弃。

最终的结果是，vm1 和 vm2 均无法以 SSH 方式访问 vm3，但匹配到的 Iptables 规则存在差异。当执行 **vm1 ssh vm3** 操作时，将匹配规则-A neutron-l3-agent-iv471c6bcff -s 10.1.1.9/32 -p tcp -m tcp --dport 22 -j neutron-l3-agent-dropped，会导致相应的数据包被丢弃；同样，执行 **vm2 ssh vm3** 操作时，将匹配规则-A neutron-l3-agent-fwaas-defau -j neutron-l3-agent-dropped，这也会导致相应的数据包被丢弃。

3. OpenStack FWaaS 管理

OpenStack FWaaS 管理主要有命令行和 Web UI 两种方式。本书将重点讨论命令行管理方式。在使用命令行方式实现 FWaaS 管理时，需在控制节点上执行 OpenStack 命令。

以下示例创建了名为 ssh_deny 的防火墙规则，该规则旨在拦截基于 TCP、源 IP 地址为 10.1.1.9、目标端口为 22 的 SSH 数据包。

```
openstack firewall group rule create --protocol tcp --source-ip-address 10.1.1.9
--destination-port 22 --action deny --name ssh_deny
```

以下示例创建了名为 policy1 的防火墙策略，并将名为 ssh_deny 的防火墙规则应用于该策略。

```
openstack firewall group policy create --firewall-rule ssh_deny policy1
```

以下示例创建了一个名为 group1 的防火墙组，并将防火墙策略 policy1 作为入口策略应用于该组。

```
openstack firewall group create --ingress-firewall-policy policy1 --name group1
```

以下示例将名为 group1 的防火墙组应用于端口 00fbfde7-75。

```
openstack firewall group set --port 00fbfde7-75 group1
```

以下示例向名为 policy1 的防火墙策略中添加了一个名为 permit_any 的规则，并将其插在名为 ssh_deny 的规则之后。

```
openstack firewall group policy add rule --insert-after ssh_deny policy1 permit_any
```

OpenStack FWaaS 管理常用的命令及其作用如表 8-2 所示。

表 8-2 OpenStack FWaaS 管理常用的命令及其作用

命令	作用
openstack firewall group create	创建防火墙组
openstack firewall group delete	删除防火墙组
openstack firewall group list	查看防火墙组列表
openstack firewall group set	设置防火墙组的属性
openstack firewall group unset	取消设置防火墙组的属性
openstack firewall group show	查看防火墙组的详细信息
openstack firewall group policy create	创建防火墙策略
openstack firewall group policy delete	删除防火墙策略
openstack firewall group policy list	查看防火墙策略列表
openstack firewall group policy add rule	为防火墙策略添加规则
openstack firewall group policy remove rule	为防火墙策略删除规则
openstack firewall group policy set	设置防火墙策略的属性
openstack firewall group policy unset	取消设置防火墙策略的属性
openstack firewall group policy show	查看防火墙策略的详细信息
openstack firewall group rule create	创建防火墙规则
openstack firewall group rule delete	删除防火墙规则

命令	作用
openstack firewall group rule list	查看防火墙规则列表
openstack firewall group rule set	设置防火墙规则的属性
openstack firewall group rule unset	取消设置防火墙规则的属性
openstack firewall group rule show	查看防火墙规则的详细信息

8.3 实验：OpenStack 安全管理

8.3.1 安全组应用

1. 搭建实验拓扑

OpenStack 安全组应用实验的拓扑包括 2 台云主机和 2 个子网，其中 2 台云主机分别安装了 OpenStack 的控制节点（Controller）和计算节点（Compute），2 台云主机的 eth0 端口连接提供商网络（Provider Network）、eth1 端口连接管理数据网络（Management&Data Network），具体拓扑如图 8-19 所示。

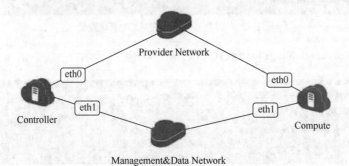

图 8-19 OpenStack 安全组应用实验拓扑

OpenStack 安全组应用实验环境信息如表 8-3 所示。

表 8-3 OpenStack 安全组应用实验环境信息

设备名称	软件环境（镜像）	硬件环境
Controller	OpenStack Rocky Controller 桌面版	CPU：4 核。 内存：8GB。 磁盘：80GB
Compute	OpenStack Rocky Compute 桌面版	CPU：4 核。 内存：6GB。 磁盘：80GB
Provider Network	—	子网网段：30.0.3.0/24。 网关地址：30.0.3.1。 DHCP 服务：On
Management&Data Network	—	子网网段：30.0.2.0/24。 网关地址：30.0.2.1。 DHCP 服务：Off

2. 实验准备

① 登录计算节点，打开命令行窗口，执行如下命令查看 linuxbridge_agent.ini 文件，检查安全组功能是否打开，图 8-20 所示信息表示安全组功能已经打开。

```
# vim /etc/neutron/plugins/ml2/linuxbridge_agent.ini
```

图 8-20　查看 linuxbridge_agent.ini 文件

② 登录控制节点，打开命令行窗口，执行如下命令切换到 root 用户并加载环境变量，如图 8-21 所示。

```
$ su root
# cd
# . admin-openrc
```

图 8-21　切换到 root 用户并加载环境变量

③ 执行命令 **openstack image list** 查看镜像列表，如图 8-22 所示。

图 8-22　查看镜像列表

④ 执行命令 **openstack flavor create --vcpus 1 --ram 256 --disk 2 small1** 创建名为 small1、vCPU 数量为 1、内存为 256MB、根磁盘大小为 2GB 的实例类型，如图 8-23 所示。

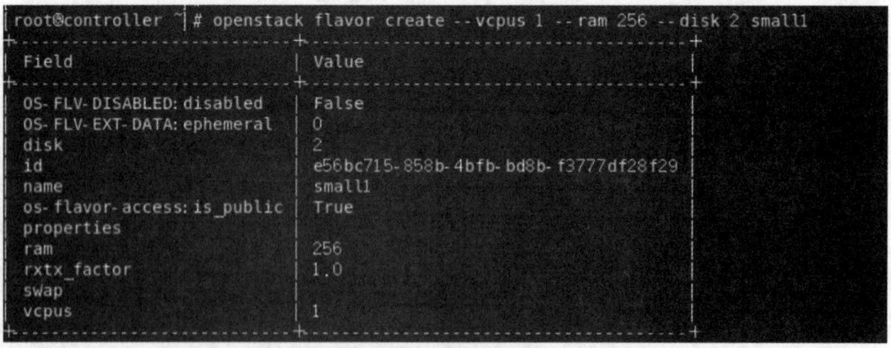

图 8-23　创建实例类型

⑤ 执行如下命令创建两个内部网络，如图 8-24 和图 8-25 所示。

```
# openstack network create inside1
# openstack network create inside2
```

```
[root@controller ~]# openstack network create inside1
+---------------------------+--------------------------------------+
| Field                     | Value                                |
+---------------------------+--------------------------------------+
| admin_state_up            | UP                                   |
| availability_zone_hints   |                                      |
| availability_zones        |                                      |
| created_at                | 2024-01-12T05:54:10Z                 |
| description               |                                      |
| dns_domain                | None                                 |
| id                        | c66e7841-30b3-417f-ab9c-86d1542f06dc |
| ipv4_address_scope        | None                                 |
| ipv6_address_scope        | None                                 |
| is_default                | False                                |
| is_vlan_transparent       | None                                 |
| mtu                       | 1400                                 |
| name                      | inside1                              |
| port_security_enabled     | True                                 |
| project_id                | 3e8781397e5c40678f10c9d85f228dec     |
| provider:network_type     | vxlan                                |
| provider:physical_network | None                                 |
| provider:segmentation_id  | 64                                   |
| qos_policy_id             | None                                 |
| revision_number           | 1                                    |
| router:external           | Internal                             |
| segments                  | None                                 |
| shared                    | False                                |
| status                    | ACTIVE                               |
| subnets                   |                                      |
| tags                      |                                      |
| updated_at                | 2024-01-12T05:54:11Z                 |
+---------------------------+--------------------------------------+
```

图 8-24　创建内部网络 inside1

```
[root@controller ~]# openstack network create inside2
+---------------------------+--------------------------------------+
| Field                     | Value                                |
+---------------------------+--------------------------------------+
| admin_state_up            | UP                                   |
| availability_zone_hints   |                                      |
| availability_zones        |                                      |
| created_at                | 2024-01-12T05:54:45Z                 |
| description               |                                      |
| dns_domain                | None                                 |
| id                        | 90eb321d-9afd-41c1-a6c0-716436100dd0 |
| ipv4_address_scope        | None                                 |
| ipv6_address_scope        | None                                 |
| is_default                | False                                |
| is_vlan_transparent       | None                                 |
| mtu                       | 1400                                 |
| name                      | inside2                              |
| port_security_enabled     | True                                 |
| project_id                | 3e8781397e5c40678f10c9d85f228dec     |
| provider:network_type     | vxlan                                |
| provider:physical_network | None                                 |
| provider:segmentation_id  | 6                                    |
| qos_policy_id             | None                                 |
| revision_number           | 1                                    |
| router:external           | Internal                             |
| segments                  | None                                 |
| shared                    | False                                |
| status                    | ACTIVE                               |
| subnets                   |                                      |
| tags                      |                                      |
| updated_at                | 2024-01-12T05:54:45Z                 |
+---------------------------+--------------------------------------+
```

图 8-25　创建内部网络 inside2

⑥ 执行如下命令为两个内部网络添加子网，如图 8-26 和图 8-27 所示。

```
# openstack subnet create --subnet-range 10.1.1.0/24 --network inside1 net1
# openstack subnet create --subnet-range 10.1.2.0/24 --network inside2 net2
```

```
[root@controller ~]# openstack subnet create --subnet -range 10.1.1.0/24 --network inside1 net1
+-------------------+----------------------------------------------+
| Field             | Value                                        |
+-------------------+----------------------------------------------+
| allocation_pools  | 10.1.1.2-10.1.1.254                          |
| cidr              | 10.1.1.0/24                                   |
| created_at        | 2024-01-12T06:05:55Z                         |
| description       |                                              |
| dns_nameservers   |                                              |
| enable_dhcp       | True                                         |
| gateway_ip        | 10.1.1.1                                     |
| host_routes       |                                              |
| id                | 0a5b0459-8169-44cf-87d5-773db75f2836         |
| ip_version        | 4                                            |
| ipv6_address_mode | None                                         |
| ipv6_ra_mode      | None                                         |
| name              | net1                                         |
| network_id        | c66e7841-30b3-417f-ab9c-86d1542f06dc         |
| project_id        | 3e8781397e5c40678f10c9d85f228dec             |
| revision_number   | 0                                            |
| segment_id        | None                                         |
| service_types     |                                              |
| subnetpool_id     | None                                         |
| tags              |                                              |
| updated_at        | 2024-01-12T06:05:55Z                         |
+-------------------+----------------------------------------------+
```

图 8-26　为内部网络 inside1 添加子网 net1

```
[root@controller ~]# openstack subnet create --subnet -range 10.1.2.0/24 --network inside2 net2
+-------------------+----------------------------------------------+
| Field             | Value                                        |
+-------------------+----------------------------------------------+
| allocation_pools  | 10.1.2.2-10.1.2.254                          |
| cidr              | 10.1.2.0/24                                   |
| created_at        | 2024-01-12T06:08:52Z                         |
| description       |                                              |
| dns_nameservers   |                                              |
| enable_dhcp       | True                                         |
| gateway_ip        | 10.1.2.1                                     |
| host_routes       |                                              |
| id                | 3279a6cc-3269-4ca2-8825-61ac0bb63ab7         |
| ip_version        | 4                                            |
| ipv6_address_mode | None                                         |
| ipv6_ra_mode      | None                                         |
| name              | net2                                         |
| network_id        | 90eb321d-9afd-41c1-a6c0-716436100dd0         |
| project_id        | 3e8781397e5c40678f10c9d85f228dec             |
| revision_number   | 0                                            |
| segment_id        | None                                         |
| service_types     |                                              |
| subnetpool_id     | None                                         |
| tags              |                                              |
| updated_at        | 2024-01-12T06:08:52Z                         |
+-------------------+----------------------------------------------+
```

图 8-27　为内部网络 inside2 添加子网 net2

⑦ 执行如下命令创建外部网络，如图 8-28 所示。

```
# openstack network create --external --provider-physical-network provider
--provider-network-type flat outside
```

该命令创建了一个名为 outside 的外部网络。其中，--external 表示设置网络属性为外部网络，--provider-physical-network 指定通过虚拟网络实现的物理网络的名称，--provider-network-type 指定实现虚拟网络的网络类型，如 flat、geneve、gre、local、vlan 和 vxlan。

⑧ 执行如下命令为外部网络添加子网，如图 8-29 所示。

```
# openstack subnet create --subnet-range 30.0.3.0/24 --allocation-pool
start=30.0.3.150,end=30.0.3.200 --network outside outnet
```

该命令为外部网络 outside 添加了一个名为 outnet 的子网，网段范围为 30.0.3.0/24，网段范围可自行定义。

```
root@controller ]# openstack network create --external --provider-physical-network provider --provider-network-type flat outside
+----------------------------+--------------------------------------+
| Field                      | Value                                |
+----------------------------+--------------------------------------+
| admin_state_up             | UP                                   |
| availability_zone_hints    |                                      |
| availability_zones         |                                      |
| created_at                 | 2024-01-12T07:25:19Z                 |
| description                |                                      |
| dns_domain                 | None                                 |
| id                         | 4f3c2a5f-a4d5-478a-b06f-e2217dadd016 |
| ipv4_address_scope         | None                                 |
| ipv6_address_scope         | None                                 |
| is_default                 | False                                |
| is_vlan_transparent        | None                                 |
| mtu                        | 1450                                 |
| name                       | outside                              |
| port_security_enabled      | True                                 |
| project_id                 | 3e8781397e5c40678f10c9d85f228dec     |
| provider:network_type      | flat                                 |
| provider:physical_network  | provider                             |
| provider:segmentation_id   | None                                 |
| qos_policy_id              | None                                 |
| revision_number            | 1                                    |
| router:external            | External                             |
| segments                   | None                                 |
| shared                     | False                                |
| status                     | ACTIVE                               |
| subnets                    |                                      |
| tags                       |                                      |
| updated_at                 | 2024-01-12T07:25:19Z                 |
+----------------------------+--------------------------------------+
```

图 8-28　创建外部网络 outside

```
root@controller ]# openstack subnet create --subnet-range 30.0.3.0/24 --allocation-pool start=30.0.3.150,end=30.0.3.200 --network outside outnet
+-------------------+--------------------------------------+
| Field             | Value                                |
+-------------------+--------------------------------------+
| allocation_pools  | 30.0.3.150-30.0.3.200                |
| cidr              | 30.0.3.0/24                          |
| created_at        | 2024-01-12T07:31:32Z                 |
| description       |                                      |
| dns_nameservers   |                                      |
| enable_dhcp       | True                                 |
| gateway_ip        | 30.0.3.1                             |
| host_routes       |                                      |
| id                | 0b73593b-c1f1-49ab-a261-b0c473f36f62 |
| ip_version        | 4                                    |
| ipv6_address_mode | None                                 |
| ipv6_ra_mode      | None                                 |
| name              | outnet                               |
| network_id        | 4f3c2a5f-a4d5-478a-b06f-e2217dadd016 |
| project_id        | 3e8781397e5c40678f10c9d85f228dec     |
| revision_number   | 0                                    |
| segment_id        | None                                 |
| service_types     |                                      |
| subnetpool_id     | None                                 |
| tags              |                                      |
| updated_at        | 2024-01-12T07:31:32Z                 |
+-------------------+--------------------------------------+
```

图 8-29　为外部网络添加子网

⑨ 执行命令 **openstack router create R1**，在外部网络和内部网络之间添加一个名为 R1 的路由器，如图 8-30 所示。

图 8-30　创建路由器 R1

⑩ 执行如下命令设置路由器外部网关，将路由器连接至外部网络，并查看路由器接口列表，如图 8-31 所示。

```
# openstack router set R1 --external-gateway outside
# openstack port list --router R1
```

```
root@controller ~] # openstack router set R1 --external-gateway outside
root@controller ~] # openstack port list --router R1
+--------------------------------------+------+-------------------+-------------------------------------------------------------------------+
| ID                                   | Name | MAC Address       | Fixed IP Addresses                                                      |
| Status |
+--------------------------------------+------+-------------------+-------------------------------------------------------------------------+
| 62c75372-de4a-4604-b863-33685440eb53 |      | fa:16:3e:d0:64:39 | ip_address='30.0.3.153', subnet_id='0b73633b-c1f1-49a6-a261-b0c473f36f62 |
| ACTIVE |
```

图 8-31　设置路由器外部网关并查看路由器接口列表

⑪ 执行如下命令为路由器添加子网并查看路由器接口列表，如图 8-32 所示。

```
# openstack router add subnet R1 net1
# openstack router add subnet R1 net2
# openstack port list --router R1
```

```
root@controller ~] # openstack router add subnet R1 net1
root@controller ~] # openstack router add subnet R1 net2
root@controller ~] # openstack port list --router R1
+--------------------------------------+------+-------------------+-------------------------------------------------------------------------+
| ID                                   | Name | MAC Address       | Fixed IP Addresses                                                      |
| Status |
+--------------------------------------+------+-------------------+-------------------------------------------------------------------------+
| 617c78cb-8a6f-47cc-ac38-ae91a1f655ea |      | fa:16:3e:85:4c:17 | ip_address='10.1.2.1', subnet_id='3279a6cc-3269-4ca2-8825-61ac0bb63ab7 |
| ACTIVE |
| 62c75372-de4a-4604-b863-33685440eb53 |      | fa:16:3e:d0:64:39 | ip_address='30.0.3.153', subnet_id='0b73633b-c1f1-49a6-a261-b0c473f36f62 |
| ACTIVE |
| b4415477-8ff4-4b41-ae60-798f5031a8e7 |      | fa:16:3e:58:08:33 | ip_address='10.1.1.1', subnet_id='0a5b0459-8169-44cf-87d5-773db75f2836 |
| ACTIVE |
```

图 8-32　为路由器添加子网并查看路由器接口列表

⑫ 执行命令 **openstack network list** 查看网络列表，如图 8-33 所示，获得内部网络的网络号和名称，用于创建虚拟机。

```
[root@controller ~]# openstack network list
+--------------------------------------+---------+--------------------------------------+
| ID                                   | Name    | Subnets                              |
+--------------------------------------+---------+--------------------------------------+
| 4f3c2a5f-a4d5-478a-b06f-e2217dadd016 | outside | 0b73633b-c1f1-49a6-a261-b0c473f36f62 |
| 90eb321d-9afd-41c1-a6c0-716436100dd0 | inside2 | 3279a6cc-3269-4ca2-8825-61ac0bb63ab7 |
| c66e7841-30b3-417f-ab9c-86d1542f06dc | inside1 | 0a5b0459-8169-44cf-87d5-773db75f2836 |
+--------------------------------------+---------+--------------------------------------+
```

图 8-33　查看网络列表

⑬ 执行如下命令，在 inside1 网络上创建虚拟机 vm1 和虚拟机 vm2，在 inside2 网络上创建虚拟机 vm3，如图 8-34、图 8-35 和图 8-36 所示。

```
# openstack server create --flavor small1 --image pricirros --nic net-id=inside1
vm1
# openstack server create --flavor small1 --image pricirros --nic net-id=inside1
vm2
# openstack server create --flavor small1 --image pricirros --nic net-id=inside2
vm3
```

```
[root@controller ]# openstack server create --flavor small1 --image pricirros --nic net-id=inside1 vm1
+-----------------------------------+----------------------------------------------------+
| Field                             | Value                                              |
+-----------------------------------+----------------------------------------------------+
| OS-DCF:diskConfig                 | MANUAL                                             |
| OS-EXT-AZ:availability_zone        |                                                    |
| OS-EXT-SRV-ATTR:host              | None                                               |
| OS-EXT-SRV-ATTR:hypervisor_hostname | None                                             |
| OS-EXT-SRV-ATTR:instance_name     |                                                    |
| OS-EXT-STS:power_state            | NOSTATE                                            |
| OS-EXT-STS:task_state             | scheduling                                         |
| OS-EXT-STS:vm_state               | building                                           |
| OS-SRV-USG:launched_at            | None                                               |
| OS-SRV-USG:terminated_at          | None                                               |
| accessIPv4                        |                                                    |
| accessIPv6                        |                                                    |
| addresses                         |                                                    |
| adminPass                         | CC7GkocZ4C6z                                       |
| config_drive                      |                                                    |
| created                           | 2024-01-12T07:43:47Z                               |
| flavor                            | small1 (e56bc715-858b-4bfb-bd8b-f3777df28f29)     |
| hostId                            |                                                    |
| id                                | fe47e7e4-e4c0-401d-8196-3fc0bce17a9f               |
| image                             | pricirros (3dcfcf66-bc8d-4ca3-a70d-d50715800967)  |
| key_name                          | None                                               |
| name                              | vm1                                                |
| progress                          | 0                                                  |
| project_id                        | 3e8781397e5c40678f10c9d85f228dec                   |
| properties                        |                                                    |
| security_groups                   | name='default'                                     |
| status                            | BUILD                                              |
| updated                           | 2024-01-12T07:43:47Z                               |
| user_id                           | 81e76eed7bc9448eb89cd480cc5e870c                   |
| volumes_attached                  |                                                    |
+-----------------------------------+----------------------------------------------------+
```

图 8-34　创建虚拟机 vm1

```
[root@controller ]# openstack server create --flavor small1 --image pricirros --nic net-id=inside1 vm2
+-----------------------------------+----------------------------------------------------+
| Field                             | Value                                              |
+-----------------------------------+----------------------------------------------------+
| OS-DCF:diskConfig                 | MANUAL                                             |
| OS-EXT-AZ:availability_zone        |                                                    |
| OS-EXT-SRV-ATTR:host              | None                                               |
| OS-EXT-SRV-ATTR:hypervisor_hostname | None                                             |
| OS-EXT-SRV-ATTR:instance_name     |                                                    |
| OS-EXT-STS:power_state            | NOSTATE                                            |
| OS-EXT-STS:task_state             | scheduling                                         |
| OS-EXT-STS:vm_state               | building                                           |
| OS-SRV-USG:launched_at            | None                                               |
| OS-SRV-USG:terminated_at          | None                                               |
| accessIPv4                        |                                                    |
| accessIPv6                        |                                                    |
| addresses                         |                                                    |
| adminPass                         | f6VvmKfCS9QQ                                       |
| config_drive                      |                                                    |
| created                           | 2024-01-15T12:56:14Z                               |
| flavor                            | small1 (e56bc715-858b-4bfb-bd8b-f3777df28f29)     |
| hostId                            |                                                    |
| id                                | a3b26c53-d47e-4bca-ae7d-1d6448b3ad0a               |
| image                             | pricirros (3dcfcf66-bc8d-4ca3-a70d-d50715800967)  |
| key_name                          | None                                               |
| name                              | vm2                                                |
| progress                          | 0                                                  |
| project_id                        | 3e8781397e5c40678f10c9d85f228dec                   |
| properties                        |                                                    |
| security_groups                   | name='default'                                     |
| status                            | BUILD                                              |
| updated                           | 2024-01-15T12:56:14Z                               |
| user_id                           | 81e76eed7bc9448eb89cd480cc5e870c                   |
| volumes_attached                  |                                                    |
+-----------------------------------+----------------------------------------------------+
```

图 8-35　创建虚拟机 vm2

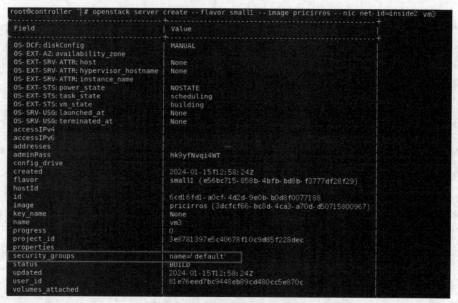

图 8-36　创建虚拟机 vm3

⑭ 执行命令 **openstack server list** 查看虚拟机列表，如图 8-37 所示。

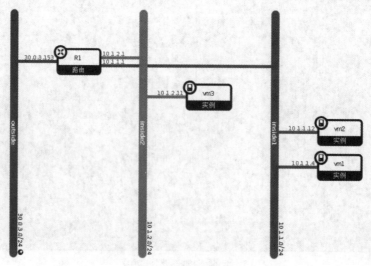

图 8-37　查看虚拟机列表

⑮ 登录控制节点，进入 OpenStack Web 页面。

⑯ 选择页面左侧导航栏中的"项目>网络>网络拓扑"选项，查看构建的网络拓扑，如图 8-38 所示。

图 8-38　构建的网络拓扑

⑰ 选择页面左侧导航栏中的"项目>计算>实例"选项，选择需要操作的虚拟机，这里选择 vm2，单击右侧的下拉按钮，在打开的下拉列表中选择"控制台"选项，如图 8-39 所示。

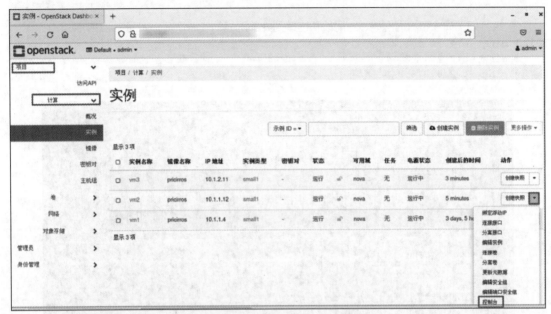

图 8-39 选择"控制台"选项

⑱ 选择"控制台"选项卡，进入实例控制台，如图 8-40 所示。

如果控制台无响应，请点击下面灰色状态栏。点击此处只显示控制台
要退出全屏模式，请点击浏览器的后退按键

Connected (unencrypted) to: QEMU (Instance-00000012)　　　　　　　　Send CtrlAltDel

```
[    3.982030] cpuidle: using governor ladder
[    3.983730] cpuidle: using governor menu
[    3.984973] EFI Variables Facility v0.08 2004-May-17
[    3.993191] TCP cubic registered
[    3.996923] NET: Registered protocol family 10
[    4.014680] NET: Registered protocol family 17
[    4.016196] Registering the dns_resolver key type
[    4.067825] Freeing initrd memory: 3452k freed
[    4.083076] registered taskstats version 1
[    4.192626] usb 1-1: new full-speed USB device number 2 using uhci_hcd
[    4.326238]   Magic number: 8:230:68
[    4.328718] rtc_cmos 00:01: setting system clock to 2024-01-12 08:05:39 UTC (
1705046739)
[    4.333781] BIOS EDD facility v0.16 2004-Jun-25, 0 devices found
[    4.335516] EDD information not available.
[    4.363465] Freeing unused kernel memory: 920k freed
[    4.375239] Write protecting the kernel read-only data: 12288k
[    4.423795] Freeing unused kernel memory: 1596k freed
[    4.462572] Freeing unused kernel memory: 1184k freed

further output written to /dev/ttyS0

login as 'cirros' user. default password: 'cubswin:)'. use 'sudo' for root.
vm2 login: _
```

图 8-40 实例控制台

⑲ 根据提示输入用户名 cirros 和密码 cubswin:)，登录虚拟机 vm2，如图 8-41 所示。

```
login as 'cirros' user. default password: 'cubswin:)'. use 'sudo' for root.
vm2 login: cirros
Password:
$
```

图 8-41 登录虚拟机 vm2

说明　如果控制台无响应，则要单击页面下面的灰色状态栏。

⑳ 执行如下命令查看同网段、跨网段和连接到外部网络的连通情况，如图 8-42 所示。

```
# ping -c 2 10.1.1.4
# ping -c 2 10.1.2.11
# ping -c 2 8.8.8.8
```

```
$ ping -c 2 10.1.1.4
PING 10.1.1.4 (10.1.1.4): 56 data bytes
64 bytes from 10.1.1.4: seq=0 ttl=64 time=9.487 ms
64 bytes from 10.1.1.4: seq=1 ttl=64 time=2.397 ms

--- 10.1.1.4 ping statistics ---
2 packets transmitted, 2 packets received, 0% packet loss
round-trip min/avg/max = 2.397/5.942/9.487 ms
$ ping -c 2 10.1.2.11
PING 10.1.2.11 (10.1.2.11): 56 data bytes
64 bytes from 10.1.2.11: seq=0 ttl=63 time=8.311 ms
64 bytes from 10.1.2.11: seq=1 ttl=63 time=5.411 ms

--- 10.1.2.11 ping statistics ---
2 packets transmitted, 2 packets received, 0% packet loss
round-trip min/avg/max = 5.411/6.861/8.311 ms
$ ping -c 2 8.8.8.8
PING 8.8.8.8 (8.8.8.8): 56 data bytes
64 bytes from 8.8.8.8: seq=0 ttl=110 time=114.051 ms
64 bytes from 8.8.8.8: seq=1 ttl=110 time=38.705 ms

--- 8.8.8.8 ping statistics ---
2 packets transmitted, 2 packets received, 0% packet loss
round-trip min/avg/max = 38.705/76.378/114.051 ms
$
```

图 8-42　查看同网段、跨网段和连接到外部网络的连通情况

3. 使用命令行方式创建安全组

① 登录控制节点，打开命令行窗口，执行如下命令查看 admin 项目中的安全组，如图 8-43 所示。

```
# openstack security group list --project admin
```

图 8-43　查看安全组（1）

② 执行如下命令查看 default 安全组的详细信息，如图 8-44 所示。

```
# openstack security group show 758ed18b-fab1-4998-a358-324b5052b07f
```

可以看出，默认安全组 default 中共设置了 4 条默认的规则：出口方向允许访问任何 IPv4/IPv6 的目的网段，入口方向允许 default 安全组内的所有 IPv4/IPv6 地址访问。又因为创建的虚拟机都默认使用 default 安全组，且 vm3 通过 R1 与 vm1 和 vm2 连通，所以实验准备阶段的虚拟机连通性测试没有任何问题。

③ 执行如下命令创建安全组 1to3only，如图 8-45 所示。

```
# openstack security group create 1to3only
```

图 8-44　查看 default 安全组的详细信息

图 8-45　创建安全组

新建的安全组中会自动创建两条默认的规则：出口方向允许访问任何 IPv4/IPv6 的目的网段。

④ 执行如下命令查看安全组是否创建成功，如图 8-46 所示。

```
# openstack security group list --project admin
```

图 8-46　查看安全组（2）

⑤ 执行如下命令添加安全组规则：只允许 vm1 访问 vm3，如图 8-47 所示。

```
# openstack security group rule create --remote-ip 10.1.1.4 1to3only
```

其中，--remote-ip 后接远端 IP 地址。

⑥ 执行如下命令查看安全组规则是否设置成功，如图 8-48 所示。

```
# openstack security group show 1to3only
```

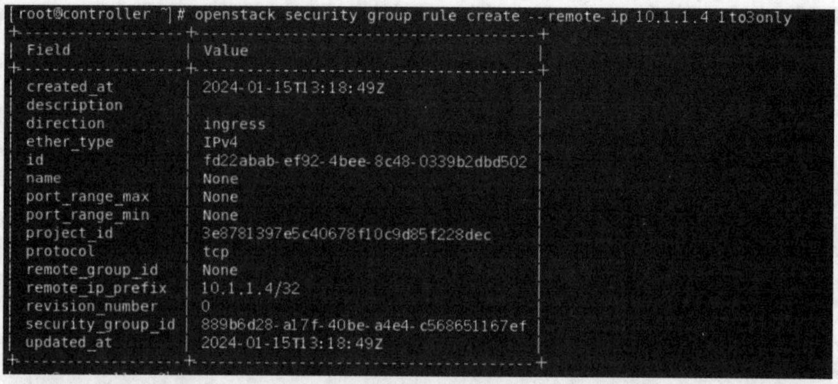

图 8-47　添加安全组规则

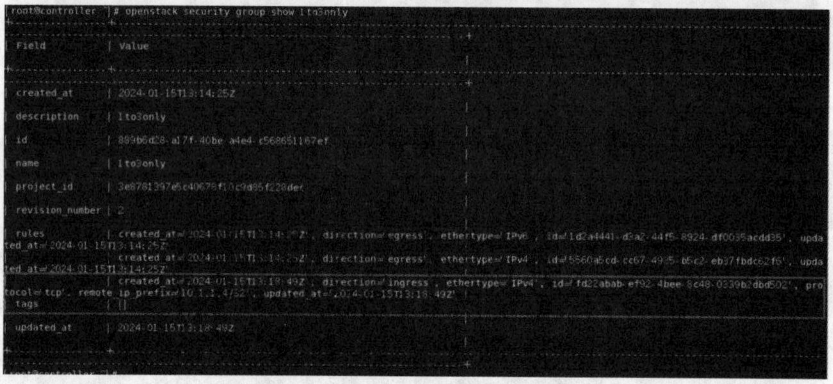

图 8-48　查看安全组规则是否设置成功

⑦ 执行如下命令为 vm3 添加安全组并查看是否添加成功，如图 8-49 所示。

```
# openstack server add security group vm3 1to3only
# openstack server show vm3
```

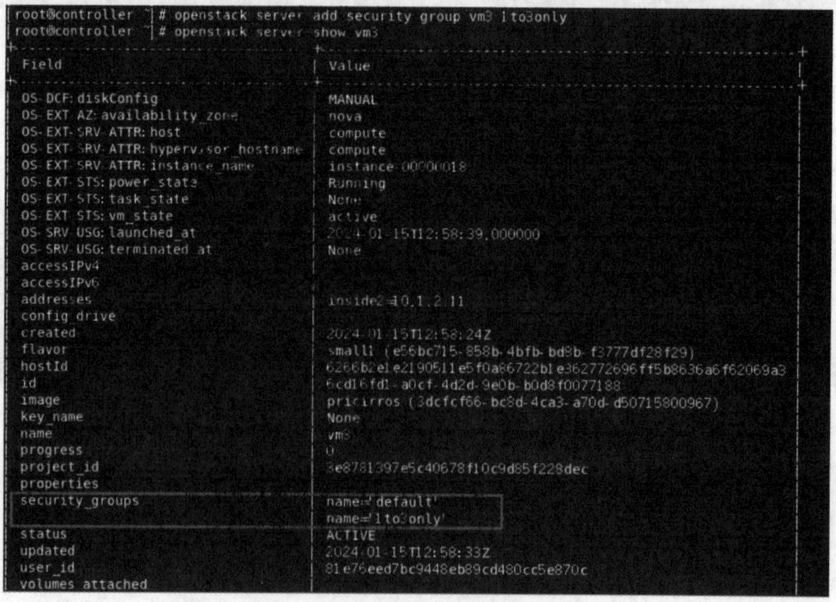

图 8-49　为 vm3 添加安全组并查看是否添加成功

⑧ 执行如下命令删除安全组规则并查看是否删除成功，如图 8-50 所示。

```
# openstack security group rule delete fd22abab-ef92-4bee-8c48-0339b2dbd502
# openstack security group show 1to3only
```

其中，fd22abab-ef92-4bee-8c48-0339b2dbd502 为安全组规则 id。

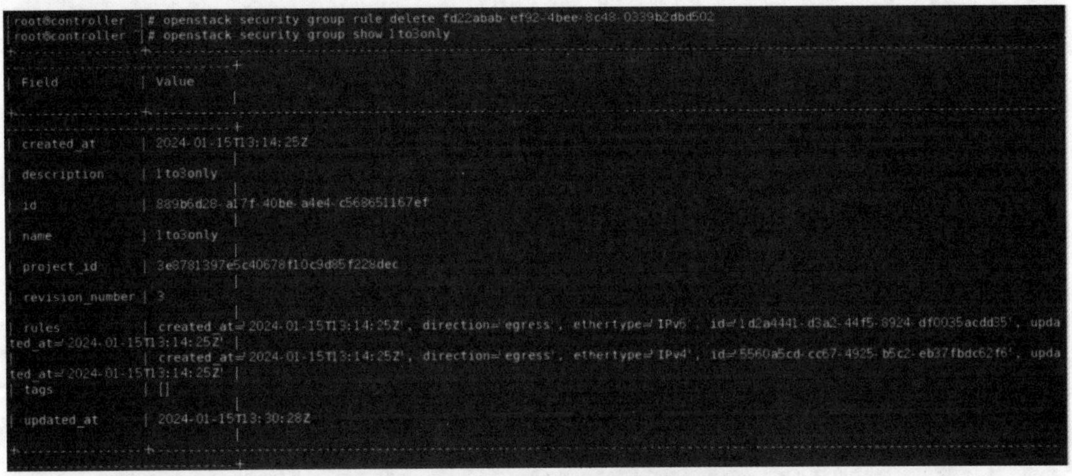

图 8-50　删除安全组规则并查看是否删除成功

此时，id 为 fd22abab-ef92-4bee-8c48-0339b2dbd502 的规则已被删除。

⑨ 执行如下命令删除 vm3 下的 1to3only 安全组并查看是否删除成功，如图 8-51 所示。

```
# openstack server remove security group vm3 1to3only
# openstack server show vm3
```

图 8-51　删除 vm3 下的 1to3only 安全组并查看是否删除成功

由此可知，在虚拟机绑定了安全组的情况下，安全组无法删除。

⑩ 执行如下命令删除安全组并查看是否删除成功，如图 8-52 所示。

```
# openstack security group delete 1to3only
# openstack security group list --project admin
```

```
[root@controller ~]# openstack security group delete 1to3only
[root@controller ~]# openstack security group list --project admin
+--------------------------------------+----------------+-------------+----------------------------------+------+
| ID                                   | Name           | Description | Project                          | Tags |
+--------------------------------------+----------------+-------------+----------------------------------+------+
| 0f93399b-6c40-4385-8ffa-de507aa08a31 | 1to3           | 1to3        | 3e8781397e5c40678f10c9d85f228dec | []   |
| 735974e4-9ecf-4501-bba8-8d9c4e141425 | allow-external |             | 3e8781397e5c40678f10c9d85f228dec | []   |
| 758ed18b-fab1-4998-a358-324b5052b07f | default        | 缺省安全组  | 3e8781397e5c40678f10c9d85f228dec | []   |
| c08bc265-0fe6-4e0d-b5ce-ccae042b017a | out            | out         | 3e8781397e5c40678f10c9d85f228dec | []   |
+--------------------------------------+----------------+-------------+----------------------------------+------+
```

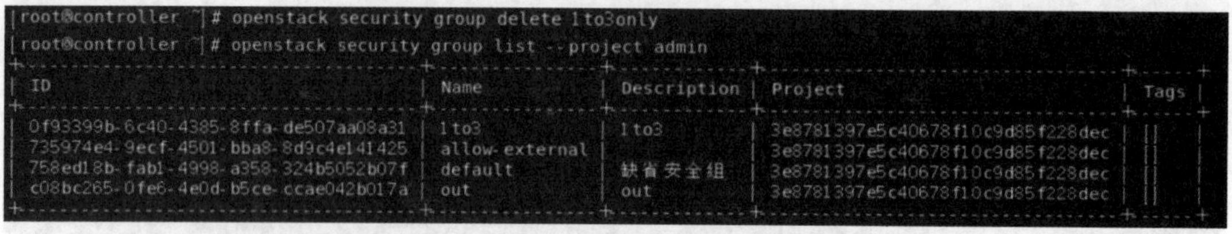

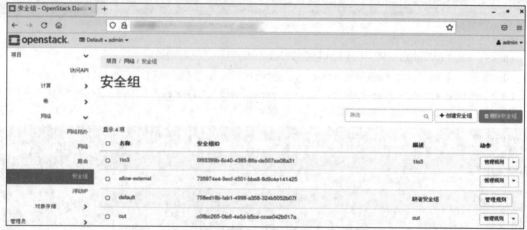

图 8-52　删除安全组并查看是否删除成功

此时，1to3only 安全组已被成功删除。

4．使用 Web UI 方式创建安全组并进行测试

① 登录控制节点，从左侧导航栏中选择“项目>网络>安全组”选项，进入安全组管理页面，如图 8-53 所示。

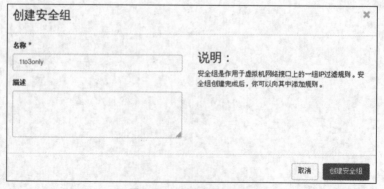

图 8-53　安全组管理页面

② 单击“创建安全组”按钮，进入创建安全组页面，如图 8-54 所示，填写安全组相关信息。

图 8-54　创建安全组页面

③ 单击“创建安全组”按钮，创建安全组，创建成功后的安全组列表如图 8-55 所示。

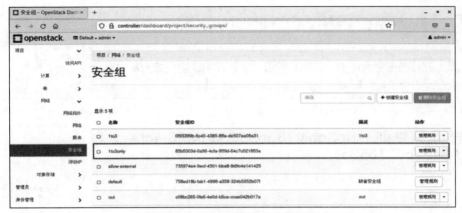

图 8-55　创建成功后的安全组列表

④ 选择刚刚创建的 1to3only 安全组，单击右侧的"管理规则"按钮，进入管理安全组规则页面，
如图 8-56 所示。

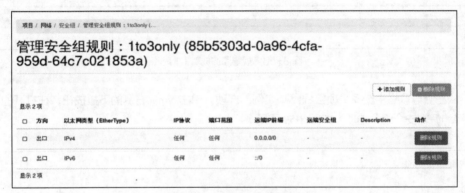

图 8-56　管理安全组规则页面

⑤ 单击"添加规则"按钮，进入添加规则页面，填写规则相关信息，如图 8-57 所示。

图 8-57　填写规则相关信息

说 明 以上规则相关信息表示允许安全组 1to3only 访问。

⑥ 填写完相关信息后单击"添加"按钮，规则添加成功，如图 8-58 所示。

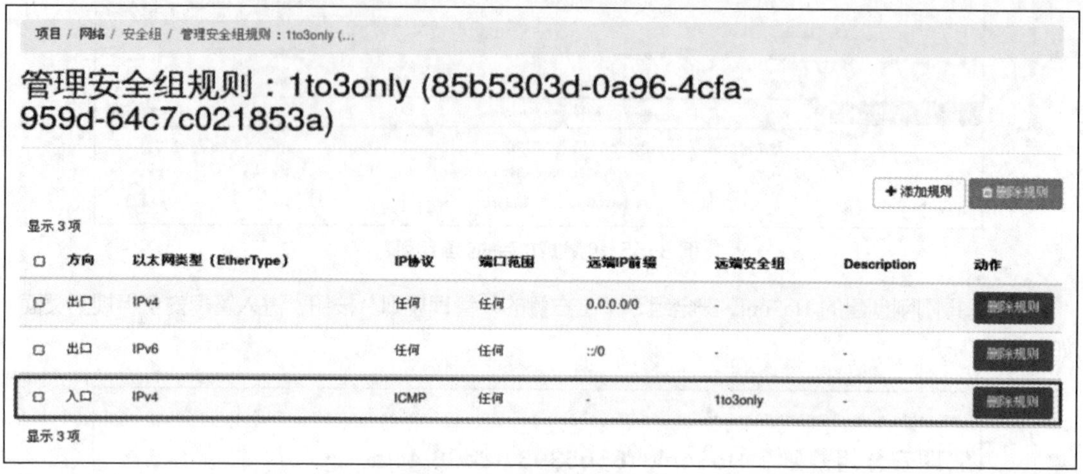

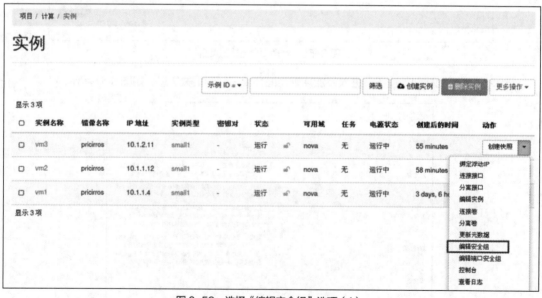

图 8-58　规则添加成功（1）

⑦ 从左侧导航栏中选择"项目>计算>实例"选项，单击 vm3 右侧的下拉按钮，在打开的下拉列表中选择"编辑安全组"选项，如图 8-59 所示。

图 8-59　选择"编辑安全组"选项（1）

⑧ 进行 vm3 安全组管理，删除 vm3 关联的 default 安全组，并添加 1to3only 安全组，如图 8-60 所示。

⑨ 用相同的方法进行 vm1 安全组管理，为 vm1 添加 1to3only 安全组，如图 8-61 所示。

图 8-60　vm3 安全组管理

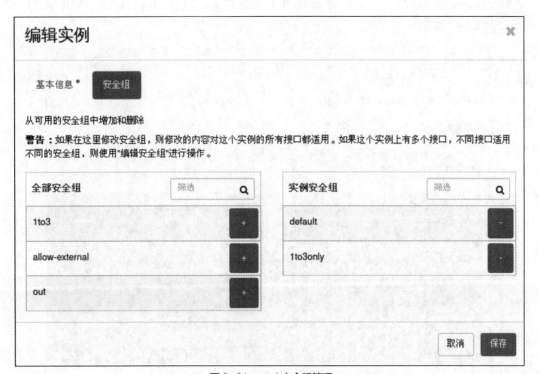

图 8-61　vm1 安全组管理

⑩ 进入 vm3 控制台，测试 vm3 与 vm1（IP 地址为 10.1.1.4）和 vm2（IP 地址为 10.1.1.12）的连通性，如图 8-62 所示。

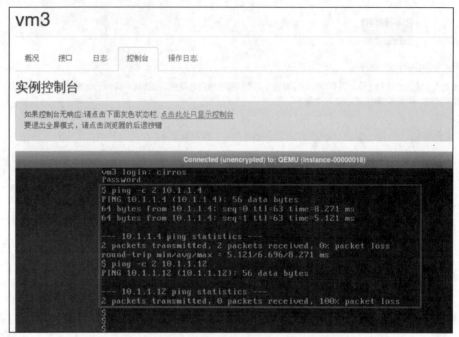

图 8-62　测试 vm3 与 vm1 和 vm2 的连通性

⑪ 进入 vm2 控制台，测试 vm2 与 vm3（IP 地址为 10.1.2.11）和 vm1（IP 地址为 10.1.1.4）的连通性，如图 8-63 所示。

图 8-63　测试 vm2 与 vm3 和 vm1 的连通性

由此可见，vm1 添加了 default 和 1to3only 两个安全组，vm2 添加了 default 安全组，vm3 添加了 1to3only 安全组，所以 vm1 可以与 vm2 和 vm3 互访，vm2 与 vm3 由于添加了不同的安全组，因此不能互访。

⑫ 修改 vm1 关联的安全组，将 default 安全组删除，实现 vm1 和 vm2 的隔离，如图 8-64 所示。

图 8-64　修改 vm1 关联的安全组

⑬ 进入 vm2 控制台，测试 vm2 与 vm1（IP 地址为 10.1.1.4）的连通性，如图 8-65 所示。

```
$ ping -c 2 10.1.1.4
PING 10.1.1.4 (10.1.1.4): 56 data bytes

--- 10.1.1.4 ping statistics ---
2 packets transmitted, 0 packets received, 100% packet loss
$
```

图 8-65　测试 vm2 与 vm1 的连通性

⑭ 执行命令 **ifconfig eth 0** 分别查看控制节点和计算节点的 IP 地址，如图 8-66 和图 8-67 所示。

```
[root@controller ~]# ifconfig eth0
eth0: flags=4163<UP,BROADCAST,RUNNING,MULTICAST>  mtu 1450
        inet 30.0.3.142  netmask 255.255.255.0  broadcast 30.0.3.255
        inet6 fe80::f816:3eff:fead:1f06  prefixlen 64  scopeid 0x20<link>
        ether fa:16:3e:ad:1f:06  txqueuelen 1000  (Ethernet)
        RX packets 75384  bytes 12070700 (11.5 MiB)
        RX errors 0  dropped 0  overruns 0  frame 0
        TX packets 81725  bytes 8573749 (8.1 MiB)
        TX errors 0  dropped 0  overruns 0  carrier 0  collisions 0
```

图 8-66　查看控制节点的 IP 地址

```
[root@compute ~]# ifconfig eth0
eth0: flags=4163<UP,BROADCAST,RUNNING,MULTICAST>  mtu 1450
        inet 30.0.3.78  netmask 255.255.255.0  broadcast 30.0.3.255
        inet6 fe80::f816:3eff:fe04:ab2e  prefixlen 64  scopeid 0x20<link>
        ether fa:16:3e:04:ab:2e  txqueuelen 1000  (Ethernet)
        RX packets 38284  bytes 6041268 (5.7 MiB)
        RX errors 0  dropped 0  overruns 0  frame 0
        TX packets 6006  bytes 591295 (577.4 KiB)
        TX errors 0  dropped 0 overruns 0  carrier 0  collisions 0
```

图 8-67　查看计算节点的 IP 地址

⑮ 单击 vm2 右侧的下拉按钮，在打开的下拉列表中选择"绑定浮动 IP"选项，在进入的页面中单击"+"按钮，如图 8-68 和图 8-69 所示。

图 8-68　选择"绑定浮动 IP"选项

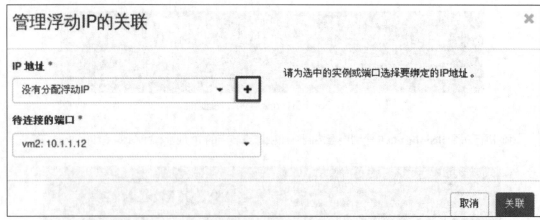

图 8-69　单击"+"按钮

⑯ 单击"分配 IP"按钮，如图 8-70 所示。

⑰ 单击"关联"按钮，如图 8-71 所示，将浮动 IP 地址与 vm2 的内部网络地址关联。

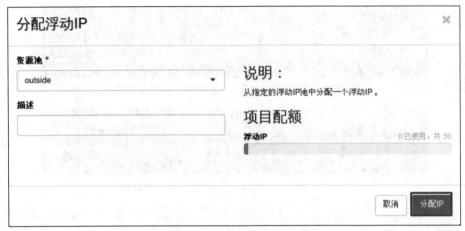

图 8-70　单击"分配 IP"按钮

图 8-71　单击"关联"按钮

⑱ 浮动 IP 地址关联成功，如图 8-72 所示。

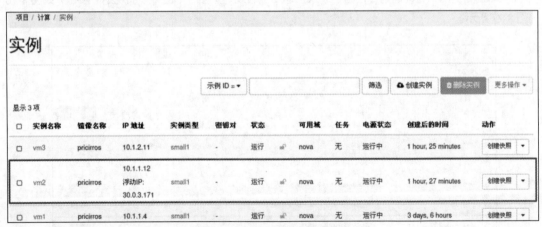

图 8-72　浮动 IP 地址关联成功

⑲ 分别打开控制节点和计算节点的命令行窗口，测试控制节点和计算节点与 vm2 浮动 IP 地址的连通性，如图 8-73 和图 8-74 所示。

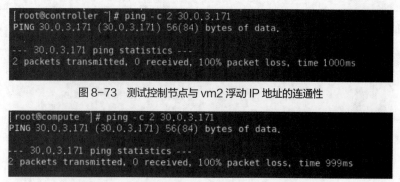

```
[root@controller ~]# ping -c 2 30.0.3.171
PING 30.0.3.171 (30.0.3.171) 56(84) bytes of data.

--- 30.0.3.171 ping statistics ---
2 packets transmitted, 0 received, 100% packet loss, time 1000ms
```

图 8-73　测试控制节点与 vm2 浮动 IP 地址的连通性

```
[root@compute ~]# ping -c 2 30.0.3.171
PING 30.0.3.171 (30.0.3.171) 56(84) bytes of data.

--- 30.0.3.171 ping statistics ---
2 packets transmitted, 0 received, 100% packet loss, time 999ms
```

图 8-74　测试计算节点与 vm2 浮动 IP 地址的连通性

⑳ 登录控制节点，打开浏览器，从左侧导航栏中选择"项目>网络>安全组"选项，进入安全组管理页面，单击"创建安全组"按钮，填写信息，如图 8-75 所示。

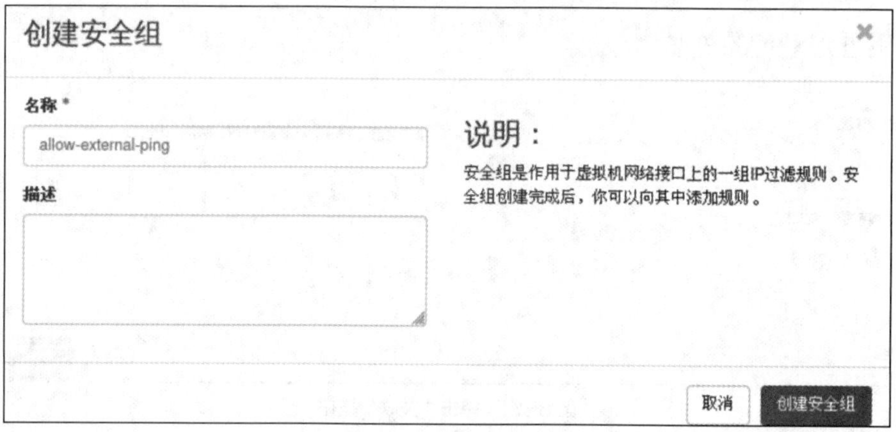

图 8-75　填写信息

㉑ 单击右侧的"管理规则"按钮，进入管理安全组规则页面，单击"添加规则"按钮，如图 8-76 和图 8-77 所示。

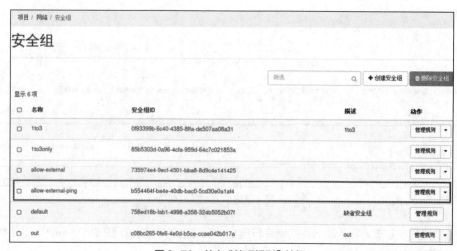

图 8-76　单击"管理规则"按钮

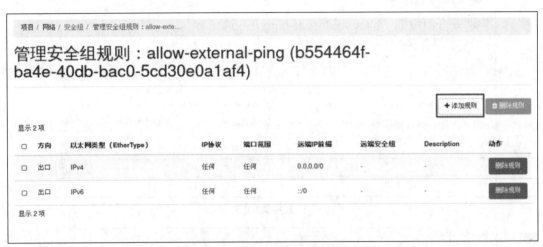

图 8-77 单击"添加规则"按钮

㉒ 在进入的添加规则页面中设置只允许 30.0.3.142/32 的 IP 地址的 ICMP 访问，如图 8-78 所示。

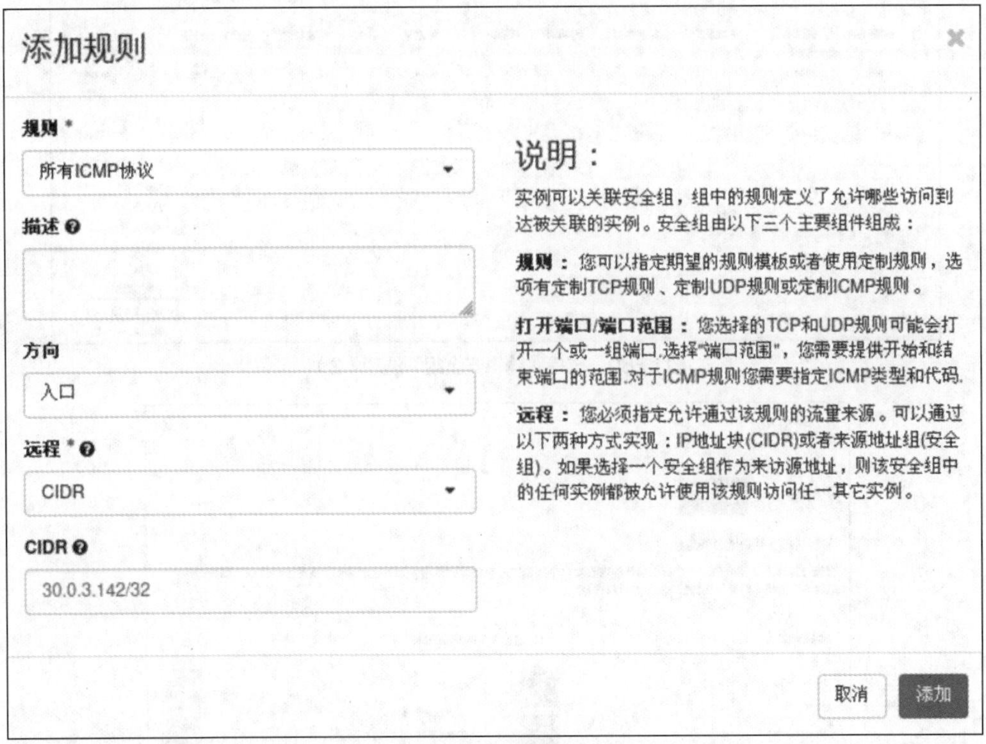

图 8-78 添加规则页面

㉓ 规则添加成功，如图 8-79 所示。

㉔ 从左侧导航栏中选择"项目>计算>实例"选项，单击 vm2 右侧的下拉按钮，在弹出的下拉列表中选择"编辑安全组"选项，如图 8-80 所示。

㉕ 为 vm2 关联 allow-external-ping 安全组，如图 8-81 所示。

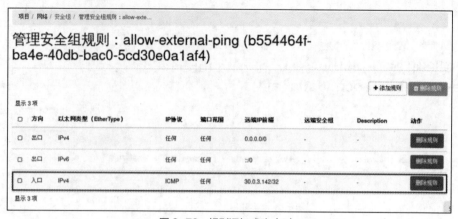

图 8-79　规则添加成功（2）

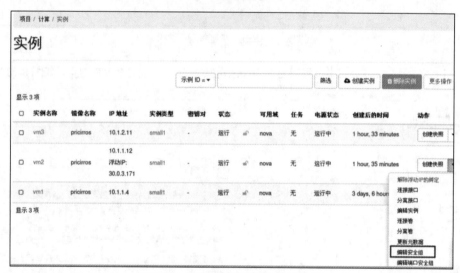

图 8-80　选择"编辑安全组"选项（2）

图 8-81　为 vm2 关联 allow-external-ping 安全组

㉖ 分别打开控制节点和计算节点的命令行窗口，测试控制节点和计算节点与 vm2 浮动 IP 地址的连通性，如图 8-82 和图 8-83 所示。

```
[root@controller ~]# ping -c 2 30.0.3.171
PING 30.0.3.171 (30.0.3.171) 56(84) bytes of data.
64 bytes from 30.0.3.171: icmp_seq=1 ttl=63 time=8.50 ms
64 bytes from 30.0.3.171: icmp_seq=2 ttl=63 time=1.74 ms

--- 30.0.3.171 ping statistics ---
2 packets transmitted, 2 received, 0% packet loss, time 1001ms
rtt min/avg/max/mdev = 1.747/5.125/8.503/3.378 ms
```

图 8-82　测试控制节点与 vm2 浮动 IP 地址的连通性

```
[root@compute ~]# ping -c 2 30.0.3.171
PING 30.0.3.171 (30.0.3.171) 56(84) bytes of data.

--- 30.0.3.171 ping statistics ---
2 packets transmitted, 0 received, 100% packet loss, time 999ms
```

图 8-83　测试计算节点与 vm2 浮动 IP 地址的连通性

8.3.2　FWaaS 应用

1. 搭建实验拓扑

FWaaS 应用实验的拓扑包括 2 台云主机和 2 个子网，其中 2 台云主机分别安装了 OpenStack 的控制节点（Controller）和计算节点（Compute），2 台云主机的 eth0 端口连接提供商网络（Provider Network）、eth1 端口连接管理数据网络（Management&Data Network），具体拓扑如图 8-84 所示。

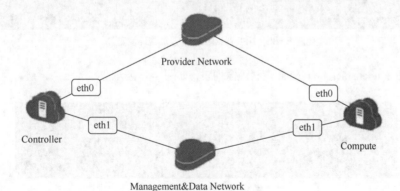

图 8-84　FWaaS 应用实验拓扑

FWaaS 应用实验环境信息如表 8-4 所示。

表 8-4　FWaas 应用实验环境信息

设备名称	软件环境（镜像）	硬件环境
Controller	OpenStack Rocky Controller 桌面版	CPU：4核。 内存：8GB。 磁盘：80GB

续表

设备名称	软件环境（镜像）	硬件环境
Compute	OpenStack Rocky Compute 桌面版	CPU：4核。 内存：6GB。 磁盘：80GB
Provider Network	—	子网网段：30.0.1.0/24。 网关地址：30.0.1.1。 DHCP 服务：On
Management&Data Network	—	子网网段：30.0.2.0/24。 网关地址：30.0.2.1。 DHCP 服务：Off

2. 实验准备

① 登录控制节点，打开命令行窗口，执行如下命令切换到 root 用户并加载环境变量，如图 8-85 所示。

```
$ su root
# cd
# . admin-openrc
```

图 8-85　切换到 root 用户及加载环境变量

② 执行命令 **openstack image list** 查看镜像列表，如图 8-86 所示。

图 8-86　查看镜像列表

③ 执行命令 **openstack flavor list** 查看实例类型列表，如图 8-87 所示。

```
[root@controller ~]# openstack flavor list
+--------------------------------------+-------+-----+------+-----------+-------+-----------+
| ID                                   | Name  | RAM | Disk | Ephemeral | VCPUs | Is Public |
+--------------------------------------+-------+-----+------+-----------+-------+-----------+
| e3b284a2-1e53-4d98-ae59-559dd532ab74 | small | 512 | 1    | 0         | 1     | True      |
+--------------------------------------+-------+-----+------+-----------+-------+-----------+
```

图 8-87　查看实例类型列表

④ 执行如下命令创建内部网络 inside1 和 inside2，如图 8-88 和图 8-89 所示。

```
# openstack network create inside1
# openstack network create inside2
```

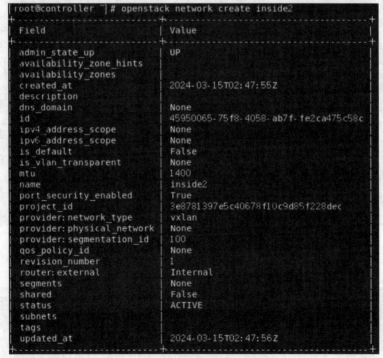

```
root@controller ~] # openstack network create inside1
+---------------------------+--------------------------------------+
| Field                     | Value                                |
+---------------------------+--------------------------------------+
| admin_state_up            | UP                                   |
| availability_zone_hints   |                                      |
| availability_zones        |                                      |
| created_at                | 2024-03-15T02:46:20Z                 |
| description               |                                      |
| dns_domain                | None                                 |
| id                        | 00ff438f-5da4-43b6-a38c-60fb9db93c15 |
| ipv4_address_scope        | None                                 |
| ipv6_address_scope        | None                                 |
| is_default                | False                                |
| is_vlan_transparent       | None                                 |
| mtu                       | 1400                                 |
| name                      | inside1                              |
| port_security_enabled     | True                                 |
| project_id                | 3e8781397e5c40678f10c9d85f228dec     |
| provider:network_type     | vxlan                                |
| provider:physical_network | None                                 |
| provider:segmentation_id  | 78                                   |
| qos_policy_id             | None                                 |
| revision_number           | 1                                    |
| router:external           | Internal                             |
| segments                  | None                                 |
| shared                    | False                                |
| status                    | ACTIVE                               |
| subnets                   |                                      |
| tags                      |                                      |
| updated_at                | 2024-03-15T02:46:20Z                 |
+---------------------------+--------------------------------------+
```

图 8-88　创建内部网络 inside1

```
root@controller ~] # openstack network create inside2
+---------------------------+--------------------------------------+
| Field                     | Value                                |
+---------------------------+--------------------------------------+
| admin_state_up            | UP                                   |
| availability_zone_hints   |                                      |
| availability_zones        |                                      |
| created_at                | 2024-03-15T02:47:55Z                 |
| description               |                                      |
| dns_domain                | None                                 |
| id                        | 45950065-75f8-4058-ab7f-fe2ca475c58c |
| ipv4_address_scope        | None                                 |
| ipv6_address_scope        | None                                 |
| is_default                | False                                |
| is_vlan_transparent       | None                                 |
| mtu                       | 1400                                 |
| name                      | inside2                              |
| port_security_enabled     | True                                 |
| project_id                | 3e8781397e5c40678f10c9d85f228dec     |
| provider:network_type     | vxlan                                |
| provider:physical_network | None                                 |
| provider:segmentation_id  | 100                                  |
| qos_policy_id             | None                                 |
| revision_number           | 1                                    |
| router:external           | Internal                             |
| segments                  | None                                 |
| shared                    | False                                |
| status                    | ACTIVE                               |
| subnets                   |                                      |
| tags                      |                                      |
| updated_at                | 2024-03-15T02:47:56Z                 |
+---------------------------+--------------------------------------+
```

图 8-89　创建内部网络 inside2

⑤ 执行如下命令分别为内部网络 inside1 和 inside2 添加子网 net1 和 net2，如图 8-90 和图 8-91 所示。

```
# openstack subnet create --subnet-range 10.1.1.0/24 --network inside1 net1
# openstack subnet create --subnet-range 10.1.2.0/24 --network inside2 net2
```

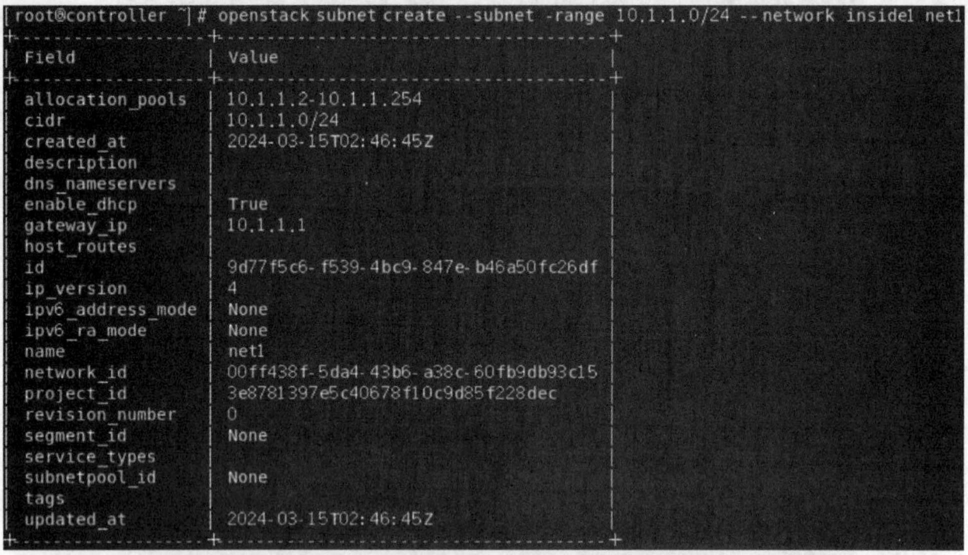

图 8-90　为内部网络 inside1 添加子网 net1

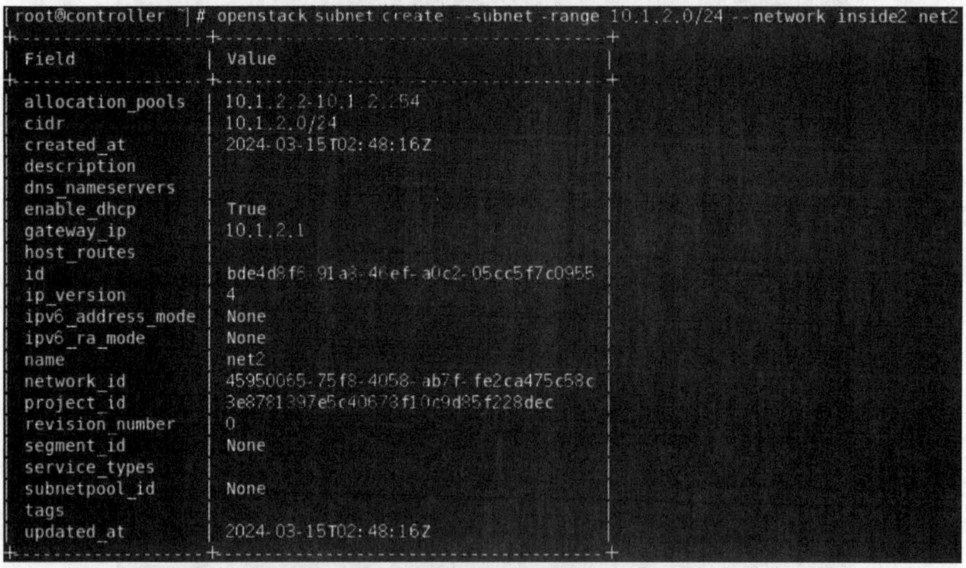

图 8-91　为内部网络 inside2 添加子网 net2

⑥ 执行命令 **openstack network list** 查看网络列表，如图 8-92 所示。

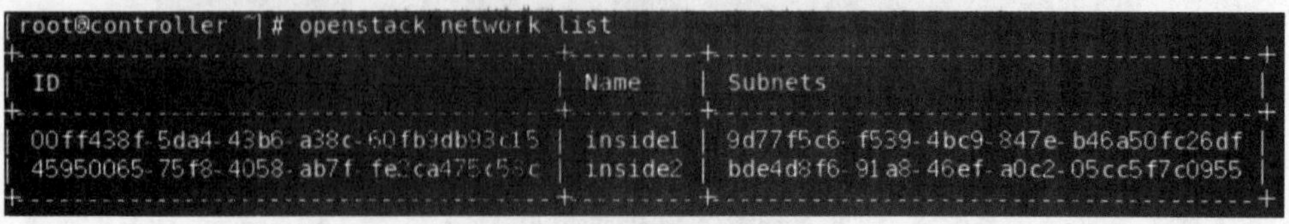

图 8-92　查看网络列表

⑦ 执行命令 **openstack router create R1** 创建路由器 R1，如图 8-93 所示。

图 8-93　创建路由器 R1

⑧ 执行如下命令将内部子网 net1 和 net2 添加到路由器 R1 上。

```
# openstack router add subnet R1 net1
# openstack router add subnet R1 net2
```

⑨ 执行命令 **openstack port list --router R1 --fit-width** 查看路由器接口信息，如图 8-94 所示。

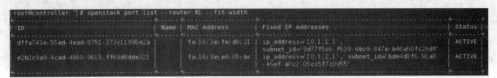

图 8-94　查看路由器接口信息

⑩ 执行如下命令，在 inside1 网络上创建虚拟机 vm1 和虚拟机 vm2，在 inside2 网络上创建虚拟机 vm3，如图 8-95、图 8-96 和图 8-97 所示。

```
# openstack server create --flavor small --image pricirros --network inside1 vm1
# openstack server create --flavor small --image pricirros --network inside1 vm2
# openstack server create --flavor small --image pricirros --network inside2 vm3
```

图 8-95　创建虚拟机 vm1

```
[root@controller ~]# openstack server create --flavor small --image pricirros --network inside1 vm2
+-----------------------------------+------------------------------------------------+
| Field                             | Value                                          |
+-----------------------------------+------------------------------------------------+
| OS-DCF: diskConfig                | MANUAL                                         |
| OS-EXT-AZ: availability_zone      |                                                |
| OS-EXT-SRV-ATTR: host             | None                                           |
| OS-EXT-SRV-ATTR: hypervisor_hostname | None                                        |
| OS-EXT-SRV-ATTR: instance_name    |                                                |
| OS-EXT-STS: power_state           | NOSTATE                                        |
| OS-EXT-STS: task_state            | scheduling                                     |
| OS-EXT-STS: vm_state              | building                                       |
| OS-SRV-USG: launched_at           | None                                           |
| OS-SRV-USG: terminated_at         | None                                           |
| accessIPv4                        |                                                |
| accessIPv6                        |                                                |
| addresses                         |                                                |
| adminPass                         | 3HzSa3NM7km5                                   |
| config_drive                      |                                                |
| created                           | 2024-03-15T02:52:32Z                           |
| flavor                            | small (e3b284a2-1e53-4d98-ae59-559dd532ab74)   |
| hostId                            |                                                |
| id                                | 1fdc7ad7-9d14-43d4-bc8d-429411c2816c           |
| image                             | pricirros (1f58eb13-01b2-4f46-8c36-b0adec4c8b5c) |
| key_name                          | None                                           |
| name                              | vm2                                            |
| progress                          | 0                                              |
| project_id                        | 3e8781397e5c40678f10c9d85f228dec               |
| properties                        |                                                |
| security_groups                   | name='default'                                 |
| status                            | BUILD                                          |
| updated                           | 2024-03-15T02:52:32Z                           |
| user_id                           | 81e76eed7bc9448eb89cd480cc5e870c               |
| volumes_attached                  |                                                |
+-----------------------------------+------------------------------------------------+
```

图 8-96　创建虚拟机 vm2

```
[root@controller ~]# openstack server create --flavor small --image pricirros --network inside2 vm3
+-----------------------------------+------------------------------------------------+
| Field                             | Value                                          |
+-----------------------------------+------------------------------------------------+
| OS-DCF: diskConfig                | MANUAL                                         |
| OS-EXT-AZ: availability_zone      |                                                |
| OS-EXT-SRV-ATTR: host             | None                                           |
| OS-EXT-SRV-ATTR: hypervisor_hostname | None                                        |
| OS-EXT-SRV-ATTR: instance_name    |                                                |
| OS-EXT-STS: power_state           | NOSTATE                                        |
| OS-EXT-STS: task_state            | scheduling                                     |
| OS-EXT-STS: vm_state              | building                                       |
| OS-SRV-USG: launched_at           | None                                           |
| OS-SRV-USG: terminated_at         | None                                           |
| accessIPv4                        |                                                |
| accessIPv6                        |                                                |
| addresses                         |                                                |
| adminPass                         | f6CSLfco7ubb                                   |
| config_drive                      |                                                |
| created                           | 2024-03-15T02:53:00Z                           |
| flavor                            | small (e3b284a2-1e53-4d98-ae59-559dd532ab74)   |
| hostId                            |                                                |
| id                                | 749596ed-0e02-4c06-863e-8df4178cfd72           |
| image                             | pricirros (1f58eb13-01b2-4f46-8c36-b0adec4c8b5c) |
| key_name                          | None                                           |
| name                              | vm3                                            |
| progress                          | 0                                              |
| project_id                        | 3e8781397e5c40678f10c9d85f228dec               |
| properties                        |                                                |
| security_groups                   | name='default'                                 |
| status                            | BUILD                                          |
| updated                           | 2024-03-15T02:53:00Z                           |
| user_id                           | 81e76eed7bc9448eb89cd480cc5e870c               |
| volumes_attached                  |                                                |
+-----------------------------------+------------------------------------------------+
```

图 8-97　创建虚拟机 vm3

⑪ 执行命令 **openstack server list** 查看虚拟机列表，如图 8-98 所示，记住虚拟机的 IP 地址。

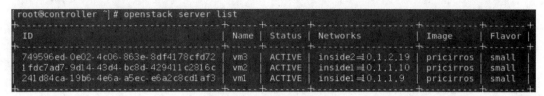

图 8-98　查看虚拟机列表

⑫ 登录控制节点，进入 OpenStack Web 页面。

⑬ 选择页面左侧导航栏中的"项目>计算>实例"选项，选择需要操作的虚拟机，这里选择 vm1，单击右侧的下拉按钮，在下拉列表中选择"控制台"选项，如图 8-99 所示。

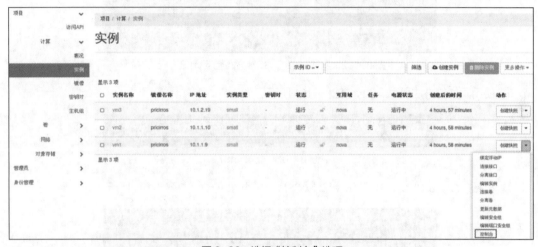

图 8-99　选择"控制台"选项

⑭ 选择"控制台"选项卡，进入实例控制台，如图 8-100 所示。

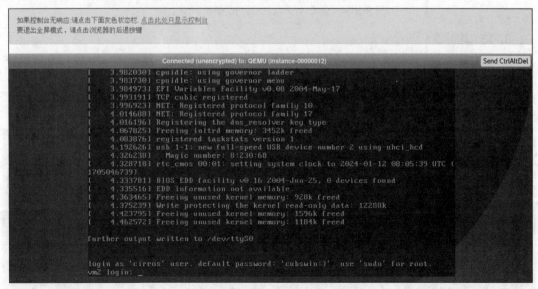

图 8-100　实例控制台

⑮ 根据提示输入用户名 cirros 和密码 cubswin:)，登录 vm1，如图 8-101 所示。

```
login as 'cirros' user. default password: 'cubswin:)'. use 'sudo' for root.
vm1 login: cirros
Password:
$
```

图 8-101　登录 vm1

 说明　　如果控制台无响应，则要单击页面下面的灰色状态栏。

⑯ 执行命令 **ssh 10.1.2.19**，测试 vm1 以 SSH 方式登录 vm3，如图 8-102 所示。

```
$ ssh 10.1.2.19

Host '10.1.2.19' is not in the trusted hosts file.
(fingerprint md5 39: f2: 50: 65: 09: 73: c5: 4b: 46: ca: e9: 6e: 88: 79: 92: 4f)
Do you want to continue connecting? (y/n) y
cirros@10.1.2.19's password:
$ hostname
vm3
```

图 8-102　测试 vm1 以 SSH 方式登录 vm3（1）

⑰ 使用同样的方法登录 vm2，如图 8-103 所示。

```
login as 'cirros' user. default password: 'cubswin:)'. use 'sudo' for root.
vm2 login: cirros
Password:
$
```

图 8-103　登录 vm2

⑱ 执行命令 **ssh 10.1.2.19**，测试 vm2 以 SSH 方式登录 vm3，如图 8-104 所示。

```
$ ssh 10.1.2.19

Host '10.1.2.19' is not in the trusted hosts file.
(fingerprint md5 39: f2: 50: 65: 09: 73: c5: 4b: 46: ca: e9: 6e: 88: 79: 92: 4f)
Do you want to continue connecting? (y/n) y
cirros@10.1.2.19's password:
$ hostname
vm3
```

图 8-104　测试 vm2 以 SSH 方式登录 vm3（1）

3. 防火墙配置

① 登录控制节点，执行如下命令创建防火墙规则 ssh_deny，禁止 vm1（IP 地址为 10.1.1.9）以 SSH 方式登录，如图 8-105 所示。

```
# openstack firewall group rule create --protocol tcp --source-ip-address 10.1.1.9
--destination-port 22 --action deny --name ssh_deny
```

```
root@controller ~ # openstack firewall group rule create --protocol tcp --source-ip-address 10.1.1.9 --destination-port 22 --action deny --name ssh_deny
+------------------------+------------------------------------+
| Field                  | Value                              |
+------------------------+------------------------------------+
| Action                 | deny                               |
| Description            |                                    |
| Destination IP Address | None                               |
| Destination Port       | 22                                 |
| Enabled                | True                               |
| ID                     | 43e70e83-fa17-4a5b-a3ef-200f786104a1 |
| IP Version             | 4                                  |
| Name                   | ssh_deny                           |
| Project                | 3e8781397e5c40678f10c9d85f228dec   |
| Protocol               | tcp                                |
| Shared                 | False                              |
| Source IP Address      | 10.1.1.9                           |
| Source Port            | None                               |
| firewall_policy_id     | None                               |
| project_id             | 3e8781397e5c40678f10c9d85f228dec   |
+------------------------+------------------------------------+
```

图 8-105　创建防火墙规则 ssh_deny

② 执行如下命令创建防火墙策略 policy1，策略使用上一步创建的防火墙规则 ssh_deny，如图 8-106 所示。

```
# openstack firewall group policy create --firewall-rule ssh_deny policy1
```

图 8-106　创建防火墙策略 policy1

③ 执行如下命令创建防火墙组 group1，应用上一步创建的防火墙策略 policy1 为入口方向策略，如图 8-107 所示。

```
# openstack firewall group create --ingress-firewall-policy policy1 --name group1
```

```
[root@controller ~]# openstack firewall group create --ingress-firewall-policy policy1 --name group1
+-------------------+----------------------------------------+
| Field             | Value                                  |
+-------------------+----------------------------------------+
| Description       |                                        |
| Egress Policy ID  | None                                   |
| ID                | 71c6bcff-8d0a-45d4-86e9-edb8fd3dd4f1   |
| Ingress Policy ID | 97c39644-2a4d-4617-85f7-00b1d9ee5d3e   |
| Name              | group1                                 |
| Ports             | []                                     |
| Project           | 3e8781397e5c40678f10c9d85f228dec       |
| Shared            | False                                  |
| State             | UP                                     |
| Status            | INACTIVE                               |
| project_id        | 3e8781397e5c40678f10c9d85f228dec       |
+-------------------+----------------------------------------+
```

图 8-107　创建防火墙组 group1

④ 执行如下命令查看路由器接口列表，并将防火墙组 group1 应用到路由器对接子网 net2（10.1.2.0/24 网段）的接口上，如图 8-108 所示。

```
# openstack port list --router R1
# openstack firewall group set --port e2b2c9a9-4cad-4860-9615-ff69d8dde321 group1
```

```
[root@controller ~]# openstack port list --router R1
+--------------------------------------+------+-------------------+---------------------------------------------------------------------------+--------+
| ID                                   | Name | MAC Address       | Fixed IP Addresses                                                        | Status |
+--------------------------------------+------+-------------------+---------------------------------------------------------------------------+--------+
| dffa743e-55ad-4ead-8751-373c11996e2a |      | fa:16:3e:fe:d8:21 | ip_address='10.1.1.1', subnet_id='9d77f5c6-f539-4bc9-847e-b46a50fc26df'   | ACTIVE |
| e2b2c9a9-4cad-4860-9615-ff69d8dde321 |      | fa:16:3e:e4:05:bc | ip_address='10.1.2.1', subnet_id='bde4d8f6-91a8-46ef-a0c2-05cc5f7c0955'   | ACTIVE |
+--------------------------------------+------+-------------------+---------------------------------------------------------------------------+--------+
[root@controller ~]# openstack firewall group set --port e2b2c9a9-4cad-4860-9615-ff69d8dde321 group1
```

图 8-108　查看路由器接口列表并在接口上应用防火墙组

⑤ 执行命令 **openstack firewall group show group1** 查看防火墙组 group1 的详细信息，如图 8-109 所示。

图 8-109　查看防火墙组 group1 的详细信息

⑥ 分别登录 vm1 和 vm2 的控制台，执行命令 **ssh 10.1.2.19**，测试以 SSH 方式登录 vm3，如图 8-110 和图 8-111 所示。

图 8-110　测试 vm1 以 SSH 方式登录 vm3（2）

图 8-111　测试 vm2 以 SSH 方式登录 vm3（2）

防火墙规则设置的是 vm1（IP 地址为 10.1.1.9）无法以 SSH 方式登录 vm3，测试发现 vm2 也无法以 SSH 方式登录 vm3，这是因为防火墙有一条默认的拒绝规则，为了使 vm2 可以 SSH 方式登录 vm3，需添加一条允许规则。

4. 添加允许规则

① 执行如下命令创建防火墙允许规则 permit_any，如图 8-112 所示。

```
# openstack firewall group rule create --protocol any --action allow --name
permit_any
```

图 8-112　创建防火墙允许规则 permit_any

② 执行命令 **openstack firewall group policy add rule --insert-after ssh_deny policy1 permit_any** 将新创建的允许规则 permit_any 添加到规则 ssh_deny 之后，如图 8-113 所示。

```
[root@controller ~]# openstack firewall group policy add rule --insert-after ssh_deny policy1 permit_any
Inserted firewall rule b492187a-3188-4253-9e2c-17e1a381bf8e in firewall policy policy1
```

图 8-113　添加允许规则

③ 分别登录 vm1 和 vm2 的控制台，执行命令 **ssh 10.1.2.19**，测试以 SSH 方式登录 vm3，如图 8-114 和图 8-115 所示。

```
$ hostname
vm1
$ ssh 10.1.2.19
ssh: Exited: Error connecting: Connection timed out
$
```

图 8-114　测试 vm1 以 SSH 方式登录 vm3（3）

```
$ hostname
vm2
$ ssh 10.1.2.19
cirros@10.1.2.19's password:
$ hostname
vm3
$
```

图 8-115　测试 vm2 以 SSH 方式登录 vm3（3）

此时，vm2 可以 SSH 方式登录 vm3，而 vm1 仍然无法以 SSH 方式登录 vm3。

8.4　小结

本模块深入探讨了 OpenStack 安全服务的核心内容。首先，详细阐释了安全组的基本概念、安全组规则及安全组实现原理等。随后，对安全组与 FWaaS 进行了对比，指出安全组主要保障单台虚拟机的安全，而 FWaaS 负责子网级别的安全防护。在此基础上，进一步介绍了 FWaaS 的基本概念及实现原理，并通过实际案例分析了基于 Iptables 的 FWaaS v2 的实现。最后，在实验部分向读者展示了如何运用安全组进行主机防护，如何通过 FWaaS 实现远程登录控制。通过本模块的学习，读者将能够理解并熟练运用 OpenStack 提供的安全服务，以便更好地构建既安全又可靠且符合实际业务需求的云计算环境。

模块 9
企业云服务部署

09

学习目标

【知识目标】

企业云服务部署依托于 OpenStack 云计算平台，在此基础上构建并部署包括 Web 服务、负载均衡及 FTP 服务在内的多项云端应用程序。同时，云数据中心需要为企业用户提供安全、隔离的云上私网，保障用户数据的安全。

对于企业云服务部署，需要掌握以下知识。

- Web 服务的概念和工作原理。
- 负载均衡的概念和工作原理。
- FTP 服务的概念和工作原理。

【技能目标】

- 能够用 Web UI 方式进行实例类型、镜像、网络和虚拟机的创建。
- 能够用 Web UI 方式创建和管理安全组。
- 能够在虚拟机内部进行 Web、FTP 和负载均衡服务的部署。
- 能够配置 VyOS 虚拟路由器。

9.1 情景引入

优速网络公司 OpenStack 云计算平台的搭建工作已圆满完成。公司根据业务发展需要，现决定在 OpenStack 云计算平台上建立 FTP 服务，以满足部门 A 在资料共享方面的便捷需求。为确保信息安全，必须严格限制非部门 A 员工对 FTP 服务器的访问权限。同时，为了提升公司的对外服务水平，技术人员计划在云计算平台内部署 Web 服务，以支持外部用户对公司网站的访问。然而，考虑到内部数据安全和资源使用的合理性，需要禁止内部用户访问该 Web 服务，但要保证部门 B 能够以 SSH 方式登录 Web 服务器和负载均衡服务器，以保证服务的可用性。

IT 部门员工小王依照公司规定与业务需求，在保障公司业务高效运作及信息安全的前提下，负责部署各项服务并制定相应的安全策略。

9.2 相关知识

9.2.1 Web 服务简介

1. 概述

Web 服务器也称为网站服务器，指的是在互联网上运行的一种特定类型的计算机程序。该程序不仅有能力向 Web 客户端（如浏览器）提供文档内容，还可用于存储数据文件，供互联网用户下载。服务器程序本质上是一种被动运行的程序，只有在接收到来自互联网上其他计算机中运行的浏览器发出的请求时，才会做出相应的响应。

微课 9-1

2. 工作原理

用户访问 Web 服务器时，需在浏览器的地址栏中输入对应网页的统一资源定位符（Uniform Resource Locator，URL）地址，或通过单击链接直接跳转至目标网页。随后浏览器将向该网页所在服务器发送 HTTP 请求，服务器接收并处理请求后，将处理结果返回至浏览器，浏览器再对接收到的结果进行处理，最终将页面呈现给用户，具体流程如下。

① 连接过程：Web 服务器和浏览器之间建立连接。

② 请求过程：浏览器在建立连接的基础上向 Web 服务器发起各种请求。

③ 应答过程：应用 HTTP 把请求传送到 Web 服务器，实施任务处理，并应用 HTTP 把任务处理的结果传送到浏览器，同时在浏览器上展示请求的页面。

④ 关闭连接：应答过程完成后，Web 服务器和浏览器之间断开连接。

3. Apache 简介

当前主流的三大 Web 服务器分别为 Apache、Nginx 和 IIS。其中，Apache 由 Apache 软件基金会开发并维护，是一款开源的网页服务器软件，其跨平台特性、卓越的安全性和可移植性使其在众多计算机操作系统中得以广泛应用。Apache 服务器具备简洁、高效和稳定的特性，并可作为代理服务器使用。据统计，Apache 已成为全球应用最广泛的 Web 服务器之一，众多知名网站均基于其构建。Apache Web 服务器软件具备以下关键特性。

① 支持 HTTP/1.1 通信协议。

② 拥有简单而强有力的基于文件的配置过程。

③ 支持通用网关接口。

④ 支持基于 IP 和基于域名的虚拟主机。

⑤ 支持多种方式的 HTTP 认证。

⑥ 集成 Perl 处理和代理服务器模块。

⑦ 支持安全套接字层（Secure Socket Layer，SSL）。

⑧ 提供用户会话过程的跟踪。

9.2.2 负载均衡简介

1. 概述

负载均衡（Load Balance，LB）是服务器集群技术的重要应用之一。它通过合理分配机制，将大量的并发请求分配至多个处理节点，显著增强了服务器集群的并发处理能力，并且在单个处理节点故障的情况下不影响服务的访问，提高了可用性。目前，Web 负载均衡是最广泛的负载均衡应用形式之一。负载均衡的核心目标在于构建负载均衡集群。通过实现横向扩展，负载均衡有效地规避了纵向升级的需求，从而实现了系统的性能提升。本模块部署的 Web 负载均衡是指能够有效分摊 Web 请求的负载均衡技术，对于提升 Web 服务的性能、可用性和稳定性具有重要意义。

2. 工作原理

Web 负载均衡技术基于不同的实现机制，主要涵盖反向代理、DNS 轮询及 IP 负载均衡等模式。在这些模式中，反向代理尤为突出，其典型代表为 Nginx。Nginx 是由俄罗斯软件工程师研发的免费开源 Web 服务器软件，它不仅是一个高性能的反向代理服务器，还兼具 IMAP、POP3、SMTP 代理服务器的功能，并可作为 HTTP 服务器使用。反向代理服务器位于服务器端，负责接收来自客户端的请求，并将这些请求分发至特定的服务器进行处理，随后将服务器的响应结果反馈给客户端。Nginx 反向代理工作流程如图 9-1 所示。

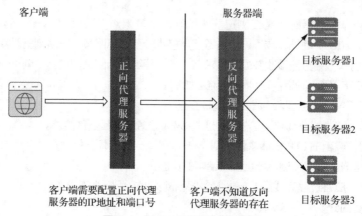

图 9-1　Nginx 反向代理工作流程

首先，为了确保客户端能够正常访问服务器端，必须正确配置正向代理服务器的 IP 地址和端口号。随后，客户端发送 Web 请求到 Nginx 反向代理服务器。最后，Nginx 反向代理服务器接收到请求后，根据配置的反向代理规则，将请求转发到后端的多个目标服务器，实现负载均衡。

Nginx 的负载均衡功能是通过其内置的 upstream 模块实现的，该模块提供了轮询、权重和 IP Hash 这 3 种负载策略，配置过程相对简洁明了，用户只需在 Nginx 的配置文件中添加多个 Web 服务器的信息，在用户通过 Nginx 进行访问时，其请求会按照预设的负载策略自动分配至后端的某台 Web 服务器进行处理。以下是对这 3 种负载策略的详细说明。

（1）轮询（默认）

轮询负载策略根据客户端的请求次数，将每个请求均匀地分配到每台服务器，具体配置信息如下。

```
upstream backserver {
    server 192.168.0.14;
    server 192.168.0.15;
}
```

（2）权重

权重负载策略特别适用于后端服务器性能不均衡的场景。具体而言，权重值较大的服务器在轮询过程中被选中的概率相对较大，即权重与服务器被访问的概率成正比。例如，在以下配置信息的前提下，在权重分配为 30% 和 70% 时，后者被访问的概率显著高于前者。这种策略能确保高性能服务器能够处理更多请求，从而优化整体系统性能。

```
upstream backserver {
    server 192.168.0.14 weight=3;
    server 192.168.0.15 weight=7;
}
```

（3）IP Hash

IP Hash 负载策略在处理客户端请求时采取了一种绑定策略。具体而言，当系统接收到来自某客户端的首次请求时，它会基于其 IP 地址生成一个唯一的哈希值。随后，系统根据这个哈希值，将请求定向到集群中的某台服务器上进行处理。对于该客户端后续发出的所有请求，系统都会沿用相同的哈希算法，以确保请求能够准确地路由到先前处理请求的同一台服务器，从而实现请求的一致性处理，具体配置信息如下。

```
upstream backserver {
    ip_hash;
    server 192.168.0.14:88;
    server 192.168.0.15:80;
}
```

9.2.3　FTP 服务简介

1. 概述

文件传输协议（File Transfer Protocol，FTP）是在全球互联网范围内被广泛使用的文件传输标准，属于 TCP/IP 架构的应用层，充分利用了 TCP 提供的稳定可靠的数据传输服务。FTP 服务的核心目标在于实现文件的高效共享和数据的安全可靠传输。简而言之，FTP 服务的主要作用是在不同计算机之间进行文件的复制操作。将远程计算机上的文件复制至本地计算机，此过程被定义为"下载"；将本地计算机的文件复制至远程计算机，此过程被定义为"上传"。

2. 工作原理

完整的 FTP 服务需要建立两种不同类型的连接，这两种连接在文件传输中扮演着不可或缺的角色。

首先，FTP 服务需要建立的是控制连接（Control Connection）。这是 FTP 会话的起点，负责在客户端和服务器之间传递命令及响应。控制连接使用标准的 FTP 端口 21 进行通信，并采用 TCP 来确保数据包的可靠传输。当客户端想要传输文件时，它会先通过控制连接向服务器发送连接请求。服务器在接收到请求后，会返回一个响应，确认是否接受该连接。一旦连接建立成功，客户端就可以开始发送各种 FTP 命令，如登录、列出目录、下载或上传文件等。服务器会根据接收到的命令执行相应的操作，并通过控制连接返回命令执行的结果。

除了控制连接外，FTP 服务还需要建立数据连接（Data Connection）。数据连接就是在客户端和服务器之间建立的一个临时连接，用于在控制连接的基础上传输文件数据。与控制连接不同，数据连接可以使用多种不同的端口和传输模式（即主动传输模式和被动传输模式）。

（1）主动传输模式

控制连接建立后，FTP 服务器使用 TCP 端口 20，主动向 FTP 客户端请求建立数据连接。如图 9-2 所示，FTP 客户端登录 FTP 服务器后，发送 Port Command 信息给 FTP 服务器，告知 FTP 服务器自己使用的端口号为 y，FTP 服务器使用 Port Command OK 消息进行确认。接着 FTP 服务器使用 TCP 的 20 端口主动向 FTP 客户端发起 TCP 连接请求，在经过 SYN、SYN+ACK、ACK 三次握手后，完成数据连接的建立，FTP 客户端即可进行文件的上传/下载操作。

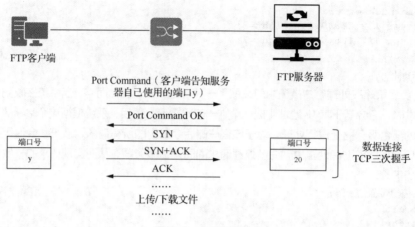

图9-2　主动传输模式

（2）被动传输模式

控制连接建立后，FTP 客户端向 FTP 服务器的非知名端口请求建立数据连接，服务器被动接受请求。如图 9-3 所示，FTP 客户端给 FTP 服务器发送 PASV Request 消息，请求使用被动模式与 FTP 服务器建立连接；FTP 服务器使用 PASV Response 消息告知 FTP 客户端自身使用的非知名端口信息，随后，FTP 客户端使用端口 y 向 FTP 服务器的非知名端口发起 TCP 连接请求，经过 SYN、SYN+ACK、ACK 三次握手后，完成数据连接的建立，FTP 客户端即可进行文件的上传/下载操作。

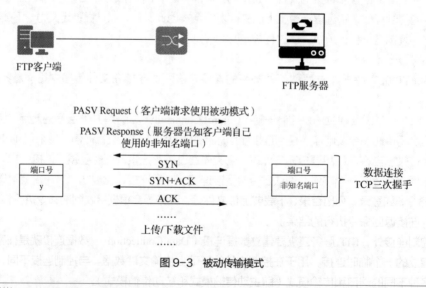

图9-3　被动传输模式

9.3　网络拓扑规划设计

9.3.1　网络拓扑介绍

企业云服务部署的总体网络拓扑如图 9-4 所示。

微课 9-2

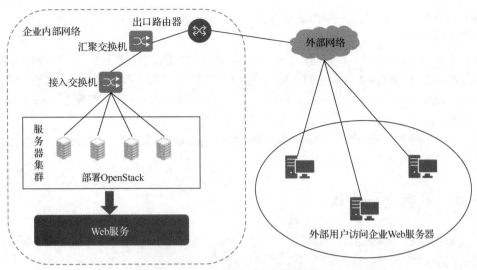

图9-4　企业云服务部署的总体网络拓扑

图 9-4 展示了企业内部网络架构，包括接入交换机、汇聚交换机、出口路由器、服务器集群及 Web 服务应用，企业内部网络通过外部网络与外部用户连接。在企业内部网络中，接入交换机负责连接企业服务器集群，汇聚交换机负责汇聚不同的服务器集群，并通过出口路由器与外部网络连接。服务器集群通过 OpenStack 云计算平台实现了资源的统一管理和优化配置，构建了云数据中心。在此基础上，企业面向外部用户提供多样化的 Web 服务。在 OpenStack 云计算平台的加持下，企业云服务的部署灵活且高效，满足了用户日益增长的需求。

9.3.2　逻辑拓扑介绍

OpenStack 内部网络的逻辑拓扑如图 9-5 所示。

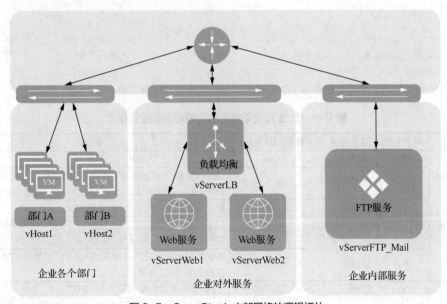

图9-5　OpenStack 内部网络的逻辑拓扑

图 9-5 详细展示了 OpenStack 内部网络的逻辑拓扑。通过在 OpenStack 节点上部署 6 台虚拟机满足企业各部门的多样化需求。

具体来说，vHost1 和 vHost2 这两台虚拟机代表了企业内各部门的实体机器，它们承担着各自部门的关键业务和数据处理任务；vServerFTP_Mail 作为企业内部的 FTP 服务器，为企业内部员工提供便捷的文件传输服务；vServerWeb1、vServerWeb2、vServerLB 这 3 台虚拟机分别承担着 Web 服务和负载均衡的重要任务，确保用户在访问企业服务时能够获得流畅、稳定的网络体验。

总之，这一逻辑拓扑的设计和实施不仅提升了企业内部网络的灵活性及可扩展性，还为企业的长远发展奠定了坚实的技术基础。

9.4 业务规划设计

根据 OpenStack 内部网络的逻辑拓扑可以进行整体的业务规划。下面将详细阐述网络规划、设备规划及安全组规划的具体内容。

9.4.1 网络规划

企业云服务部署的网络规划和配置信息如图 9-6 和表 9-1 所示。

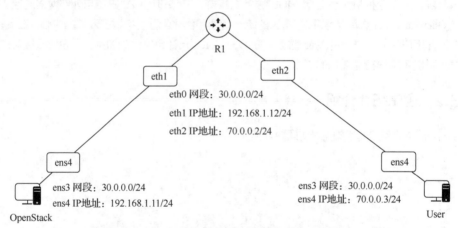

图 9-6 企业云服务部署的网络规划和配置信息

表 9-1 企业云服务部署的网络规划和配置信息

平台设备	网卡名称	网卡类型	网段或 IP 地址	说明
OpenStack	ens3	管理网口	30.0.0.0/24	OpenStack 主机管理网络网段为 30.0.0.0/24
	ens4	数据网口	192.168.1.11/24	OpenStack 与路由器之间连接网络网段为 192.168.0.0/24，其中 OpenStack 主机的 IP 地址为 192.168.1.11/24
R1	eth0	管理网口	30.0.0.0/24	路由器管理网络网段为 30.0.0.0/24
	eth1	数据网口	192.168.1.12/24	OpenStack 与路由器之间连接网络网段为 192.168.0.0/24，其中路由器的 IP 地址为 192.168.1.12/24
	eth2	数据网口	70.0.0.2/24	路由器与 User 之间连接网络网段为 70.0.0.0/24，其中路由器的 IP 地址为 70.0.0.2/24
User	ens3	管理网口	30.0.0.0/24	User 主机管理网络网段为 30.0.0.0/24
	ens4	数据网口	70.0.0.3/24	路由器与 User 之间连接网络网段为 70.0.0.0/24，其中 User 主机的 IP 地址为 70.0.0.3/24

OpenStack 内部网络信息规划如图 9-7 和表 9-2 所示。

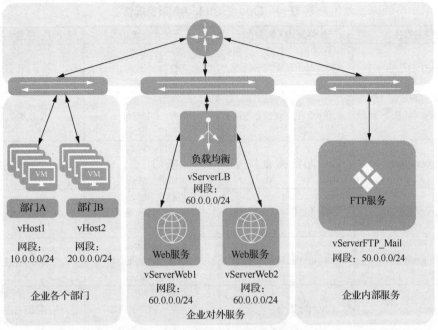

图 9-7 OpenStack 内部网络信息规划

表 9-2 OpenStack 内部网络信息规划

虚拟主机名	角色	网卡名称	网段
vServerFTP_Mail	FTP 服务器	eth0	50.0.0.0/24
vServerLB	负载均衡服务器	eth0	60.0.0.0/24
vServerWeb1	Web 服务器	eth0	60.0.0.0/24
vServerWeb2	Web 服务器	eth0	60.0.0.0/24
vHost1	部门 A 主机	eth0	10.0.0.0/24
vHost2	部门 B 主机	eth0	20.0.0.0/24

9.4.2 设备规划

企业云服务部署的平台设备规划如表 9-3 所示。

表 9-3 企业云服务部署的平台设备规划

平台设备	软件环境（镜像）	硬件环境
OpenStack	OpenStack Pike 桌面版	CPU：8 核。 内存：12GB。 磁盘：60GB
R1	VyOS-1.1.7	CPU：1 核。 内存：1GB。 磁盘：20GB
User	Ubuntu16.04 桌面版	CPU：1 核。 内存：1GB。 磁盘：5GB

OpenStack 内部设备规划如表 9-4 所示。

表 9-4　OpenStack 内部设备规划

虚拟主机名	软件环境（镜像）	硬件环境	应用服务
vServerFTP_Mail	Ubuntu16.04 命令行版	CPU：1核。 内存：512GB。 磁盘：5GB	FTP 服务
vServerLB	Ubuntu16.04 命令行版	CPU：1核。 内存：512GB。 磁盘：5GB	负载均衡服务
vServerWeb1	Ubuntu16.04 命令行版	CPU：1核。 内存：512GB。 磁盘：5GB	Web 服务 1
vServerWeb2	Ubuntu16.04 命令行版	CPU：1核。 内存：512GB。 磁盘：5GB	Web 服务 2
vHost1	Ubuntu16.04 命令行版	CPU：1核。 内存：512GB。 磁盘：5GB	部门 A 主机
vHost2	Ubuntu16.04 桌面版	CPU：1核。 内存：512GB。 磁盘：5GB	部门 B 主机

9.4.3　安全组规划

安全组规划和配置能够实现对企业部门 A 及部门 B 访问各服务的精细权限控制，具体如下。

① 只有外部用户主机可以访问企业提供的 Web 服务。

② 只有部门 A 能使用企业内部的 FTP 服务。

③ 只有部门 B 能以 SSH 方式登录 Web 服务器和负载均衡服务器。

9.5　综合实战：企业云服务部署

9.5.1　创建实验

① 登录 OpenLab 实验平台，单击"创建实验"按钮，选择"传统网络"选项，输入实验名称"企业云服务部署"，如图 9-8 所示，单击"保存"按钮，进入实验详情页面。

图 9-8　创建实验

② 从左侧设备栏中选择 Ubuntu 类型的主机，将其拖曳至工作区，并在弹出的"设备属性"页面中设置主机名称为 OpenStack、镜像为 openstack-all-in-one_v2.0，设置规格为 8 核 CPU、12GB 内存、60GB 磁盘，单击"确定"按钮，创建虚拟机 OpenStack，如图 9-9 所示。

图 9-9　创建虚拟机 OpenStack

从左侧设备栏中选择 Ubuntu 类型的主机，将其拖曳至工作区，并在弹出的"设备属性"页面中设置主机名称为 User、镜像为 Ubuntu16.04_desktop_v2.0，设置规格为 1 核 CPU、1GB 内存、5GB 磁盘，单击"确定"按钮，创建虚拟机 User，如图 9-10 所示。

图 9-10　创建虚拟机 User

从左侧设备栏中选择路由器 VyOS，将其拖曳至工作区，并在弹出的"设备属性"页面中设置路由器名称为 R1、镜像为 VyOS-1.1.7-signed-disk1，设置规格为 1 核 CPU、1GB 内存、20GB 磁盘，单击"确定"按钮，创建路由器 R1，如图 9-11 所示。

图 9-11　创建路由器 R1

③ 将鼠标指针放置在任一设备上，会出现接口图标 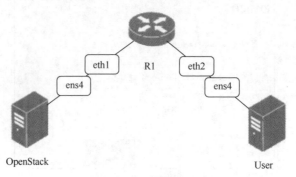 ，将接口图标由一台设备拖曳至另一台设备，即可完成设备的连接。按照图 9-12 完成两台主机与路由器的连接，并单击上侧工具栏中的启动按钮以启动实验。

图 9-12　实验拓扑

9.5.2　实验基础网络配置

1. 设置 OpenStack 主机网卡的 IP 地址

登录 OpenStack 主机，打开命令行窗口，设置 OpenStack 主机网卡的 IP 地址。

① 执行如下命令切换到 root 用户并查看主机网卡 ens3 的 IP 地址，如图 9-13 所示。

```
$ su root
# cd
# ifconfig ens3
```

```
openlab@ubuntu:~$ su root
Password:
root@ubuntu:/home/openlab# cd
root@ubuntu:~# ifconfig ens3
ens3      Link encap:Ethernet  HWaddr fa:16:3e:9c:40:06
          inet addr:30.0.0.6  Bcast:30.0.0.255  Mask:255.255.255.0
          inet6 addr: fe80::f816:3eff:fe9c:4006/64 Scope:Link
          UP BROADCAST RUNNING MULTICAST  MTU:1450  Metric:1
          RX packets:18251 errors:0 dropped:0 overruns:0 frame:0
          TX packets:16668 errors:0 dropped:0 overruns:0 carrier:0
          collisions:0 txqueuelen:1000
          RX bytes:46574400 (46.5 MB)  TX bytes:928516 (928.5 KB)
```

图 9-13　切换到 root 用户、查看主机网卡 ens3 的 IP 地址

② 执行命令 **ifconfig br-ex 192.168.1.11/24 up** 配置网卡 br-ex 的 IP 地址，并启用该网卡接口。

③ 执行命令 **ifconfig br-ex** 查看配置的网卡 br-ex 的 IP 地址，如图 9-14 所示。

```
root@ubuntu:~# ifconfig br-ex
br-ex     Link encap:Ethernet  HWaddr 72:9d:51:c0:3a:4f
          inet addr:192.168.1.11  Bcast:192.168.1.255  Mask:255.255.255.0
          inet6 addr: fe80::709d:51ff:fec0:3a4f/64 Scope:Link
          UP BROADCAST RUNNING MULTICAST  MTU:1500  Metric:1
          RX packets:0 errors:0 dropped:0 overruns:0 frame:0
          TX packets:38 errors:0 dropped:0 overruns:0 carrier:0
          collisions:0 txqueuelen:1
          RX bytes:0 (0.0 B)  TX bytes:4842 (4.8 KB)
```

图 9-14　查看配置的网卡 br-ex 的 IP 地址

2. 设置 User 主机网卡的 IP 地址

登录 User 主机，打开命令行窗口。

① 执行命令 **ifconfig ens3** 查看主机网卡 ens3 的 IP 地址，如图 9-15 所示。

图 9-15　查看主机网卡 ens3 的 IP 地址

② 执行命令 **ifconfig ens4 70.0.0.3/24 up** 配置网卡 ens4 的 IP 地址。

③ 执行命令 **ifconfig ens4** 查看配置的网卡 ens4 的 IP 地址，如图 9-16 所示。

图 9-16　查看配置的网卡 ens4 的 IP 地址

3. 设置路由器网卡的 IP 地址

① 使用用户名和密码（均为 vyos）登录路由器，如图 9-17 所示。

图 9-17　登录路由器

② 执行如下命令设置网卡 eth0 的 IP 地址。

```
# configure
# set interfaces ethernet eth0 address dhcp
# commit
```

③ 执行命令 **ip addr |grep eth0** 查看系统为路由器网卡 eth0 分配的 IP 地址，如图 9-18 所示，本实验为路由器网卡 eth0 分配的 IP 地址为 30.0.0.14/24。

图 9-18　查看系统为路由器网卡 eth0 分配的 IP 地址

④ 执行如下命令设置路由器网卡 eth1 的 IP 地址为 192.168.1.12/24、网卡 eth2 的 IP 地址为 70.0.0.2/24。

```
# configure
# set interfaces ethernet eth1 address 192.168.1.12/24
# set interfaces ethernet eth2 address 70.0.0.2/24
# commit
```

⑤ 分别执行命令 **ip addr |grep eth1** 和 **ip addr |grep eth2** 查看系统分配给路由器网卡 eth1 和 eth2 的 IP 地址，如图 9-19 所示。

```
vyos@vyos# ip addr |grep eth1
3: eth1: <BROADCAST,MULTICAST,UP,LOWER_UP> mtu 1500 qdisc pfifo_fast state UP gr
oup default qlen 1000
    inet 192.168.1.12/24 brd 192.168.1.255 scope global eth1
[edit]
vyos@vyos# ip addr |grep eth2
4: eth2: <BROADCAST,MULTICAST,UP,LOWER_UP> mtu 1500 qdisc pfifo_fast state UP gr
oup default qlen 1000
    inet 70.0.0.2/24 brd 70.0.0.255 scope global eth2
```

图 9-19　查看系统分配给路由器网卡 eth1 和 eth2 的 IP 地址

4. 添加主机路由和路由器 NAT 转发

执行以下操作添加主机路由和路由器 NAT 转发，使 OpenStack 主机与 User 主机互通。

① 登录 User 主机，执行命令 **route add -net 192.168.1.0/24 gw 70.0.0.2** 添加去往 OpenStack 主机的路由，并验证路由是否添加成功，如图 9-20 所示。

```
root@openlab:/# route add -net 192.168.1.0/24 gw 70.0.0.2
root@openlab:/# route -n
Kernel IP routing table
Destination     Gateway         Genmask         Flags Metric Ref    Use Iface
0.0.0.0         30.0.0.1        0.0.0.0         UG    0      0        0 ens3
30.0.0.0        0.0.0.0         255.255.255.0   U     0      0        0 ens3
70.0.0.0        0.0.0.0         255.255.255.0   U     0      0        0 ens4
169.254.169.254 30.0.0.1        255.255.255.255 UGH   0      0        0 ens3
192.168.1.0     70.0.0.2        255.255.255.0   UG    0      0        0 ens4
```

图 9-20　添加 User 主机去往 OpenStack 主机的路由并验证路由是否添加成功

② 登录 OpenStack 主机，执行如下命令添加去往 User 主机的路由，并验证路由是否添加成功，如图 9-21 所示。

```
# route add -net 70.0.0.0/24 gw 192.168.1.12
# route -n
```

```
root@ubuntu:~# route add -net 70.0.0.0/24 gw 192.168.1.12
root@ubuntu:~# route -n
Kernel IP routing table
Destination     Gateway         Genmask         Flags Metric Ref    Use Iface
0.0.0.0         30.0.0.1        0.0.0.0         UG    0      0        0 ens3
30.0.0.0        0.0.0.0         255.255.255.0   U     0      0        0 ens3
70.0.0.0        192.168.1.12    255.255.255.0   UG    0      0        0 br-ex
169.254.0.0     0.0.0.0         255.255.0.0     U     1000   0        0 ens3
169.254.169.254 30.0.0.1        255.255.255.255 UGH   0      0        0 ens3
192.168.1.0     0.0.0.0         255.255.255.0   U     0      0        0 br-ex
192.168.122.0   0.0.0.0         255.255.255.0   U     0      0        0 virbr0
```

图 9-21　添加 OpenStack 主机去往 User 主机的路由并验证路由是否添加成功

③ 登录 User 主机，测试与 OpenStack 主机的连通性，如图 9-22 所示。

```
root@openlab:/# ping 192.168.1.11
PING 192.168.1.11 (192.168.1.11) 56(84) bytes of data.
64 bytes from 192.168.1.11: icmp_seq=1 ttl=63 time=2.88 ms
64 bytes from 192.168.1.11: icmp_seq=2 ttl=63 time=1.24 ms
64 bytes from 192.168.1.11: icmp_seq=3 ttl=63 time=1.02 ms
^C
--- 192.168.1.11 ping statistics ---
3 packets transmitted, 3 received, 0% packet loss, time 2002ms
rtt min/avg/max/mdev = 1.022/1.716/2.880/0.828 ms
```

图 9-22　测试连通性

④ 登录路由器，执行如下命令设置 NAT 转发，以使后面在 OpenStack 中创建的虚拟机可以与外部网络互通。

```
# set nat source rule 100 outbound-interface eth0
# set nat source rule 100 source address 192.168.1.0/24
# set nat source rule 100 translation address masquerade
# commit
```

9.5.3　OpenStack 内部主机基础环境配置

1. 登录 OpenStack

登录 OpenStack 主机，打开浏览器，输入 URL（127.0.0.1），打开 Web UI 页面，登录 OpenStack，如图 9-23 所示。

图 9-23　登录 OpenStack

2. 配置实例类型

① 单击右上角的"admin"下拉按钮，在弹出的下拉列表中选择"Settings"选项，如图 9-24 所示，进入 User Settings 页面。

图 9-24　选择"Settings"选项

187

② 在 User Settings 页面中设置"Language"为"简体中文（zh-cn）"，单击"Save"按钮，如图 9-25 所示。

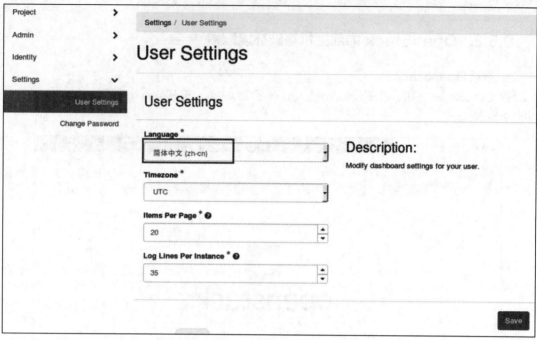

图 9-25　设置 Language

③ 从左侧导航栏中选择"管理员>计算>实例类型"选项，进入实例类型管理页面，如图 9-26 所示。

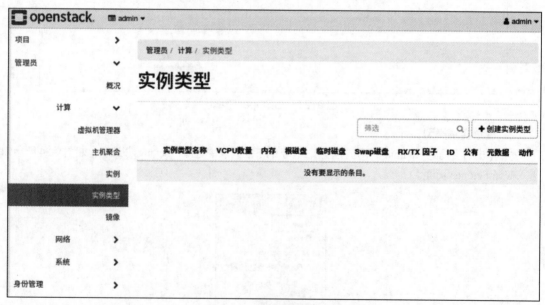

图 9-26　实例类型管理页面

④ 单击"创建实例类型"按钮，进入创建实例类型页面，填写实例类型的相关信息，如图 9-27 所示。

图 9-27　填写实例类型的相关信息

⑤ 选择"实例类型使用权"选项卡，选择实例类型适用的项目，如图 9-28 所示。

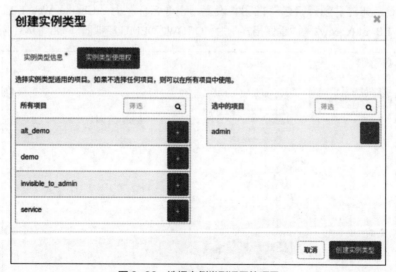

图 9-28　选择实例类型适用的项目

 说 明　单击项目名称右侧的"＋"按钮可添加项目，单击项目名称右侧的"－"按钮可删除项目。

⑥ 单击"创建实例类型"按钮以创建实例类型，返回实例类型管理页面，可以看到实例类型列表，如图 9-29 所示。

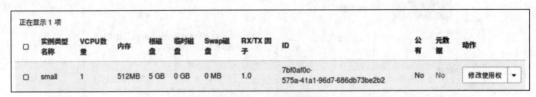

	实例类型名称	VCPU数量	内存	根磁盘	临时磁盘	Swap磁盘	RX/TX 因子	ID	公有	元数据	动作
	small	1	512MB	5 GB	0 GB	0 MB	1.0	7bf0af0c-575a-41a1-96d7-686db73be2b2	No	No	修改使用权 ▼

正在显示 1 项

图 9-29　实例类型列表

3. 镜像上传

执行以下操作完成镜像上传。

① 选择页面左侧导航栏中的"项目>计算>镜像"选项，进入镜像管理页面，如图 9-30 所示。

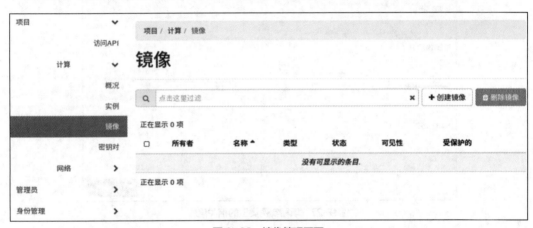

图 9-30　镜像管理页面

② 单击右上方的"创建镜像"按钮，设置"镜像名称"为"Ubuntu_Web_LB"、"文件"为"Ubuntu_Web_LB_v1.0.qcow2"、"镜像格式"为"QCOW2-QEMU 模拟器"，如图 9-31 所示。

图 9-31　设置镜像详情

③ 单击"创建镜像"按钮以创建镜像，返回镜像管理页面，查看镜像列表，镜像创建成功，如图 9-32 所示。

图 9-32　镜像列表（1）

④ 以同样的方法上传并创建 Ubuntu_FTP_Mail_v1.0.qcow2、Ubuntu16.04_cmd_v1.0 和 Ubuntu16.04_desktop_v1.0 这 3 个镜像，设置"镜像名称"分别为"Ubuntu_FTP_Mail""Ubuntu16.04_cmd""Ubuntu16.04_desktop"，创建成功后，镜像列表如图 9-33 所示。

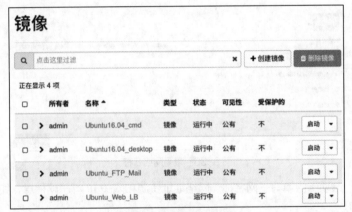

图 9-33　镜像列表（2）

4. 配置内部网络

① 选择页面左侧导航栏中的"项目>网络>网络"选项，进入网络管理页面，如图 9-34 所示。

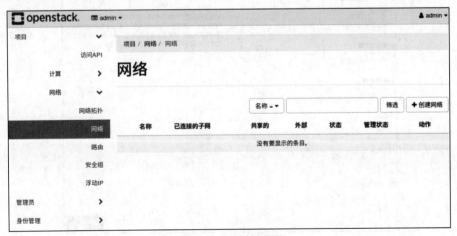

图 9-34　网络管理页面

② 单击右上方的"创建网络"按钮，进入创建网络页面，如图 9-35 所示。

图 9-35　创建网络页面

③ 填写网络名称，如图 9-36 所示，单击"下一步"按钮。

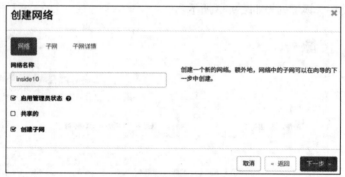

图 9-36　填写网络名称

④ 在"子网"选项卡中填写子网名称、网络地址资源和网关 IP 等子网信息，如图 9-37 所示，单击"下一步"按钮。

图 9-37　填写子网信息

其中,"网络地址"为创建的子网的 IP 地址范围,"IP 版本"为"IPv4"。

⑤ 在"子网详情"选项卡中填写分配地址池和 DNS 服务器信息,如图 9-38 所示,单击"已创建"按钮。

图 9-38　填写分配地址池和 DNS 服务器信息(1)

⑥ 创建完成后,网络列表如图 9-39 所示。

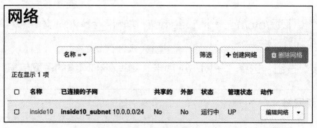

图 9-39　网络列表(1)

⑦ 以相同方法创建 inside20(20.0.0.0/24)、inside50(50.0.0.0/24)和 inside60(60.0.0.0/24)这 3 个内部网络,创建成功后,网络列表如图 9-40 所示。

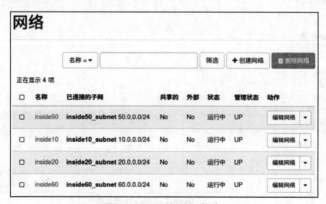

图 9-40　网络列表(2)

5. 配置外部网络

① 选择页面左侧导航栏中的"管理员>网络>网络"选项，单击右上方的"创建网络"按钮，进入创建网络页面，按照图 9-41 创建外部网络。

图 9-41　创建外部网络

> **说 明**　"物理网络"根据/etc/neutron/plugins/ml2/ml2_conf.ini 文件填写，感兴趣的读者可以研究一下这个配置文件。

② 单击"下一步"按钮，选择"子网"选项卡，填写外部网络的子网信息，如图 9-42 所示。

图 9-42　填写外部网络的子网信息

③ 单击"下一步"按钮，选择"子网详情"选项卡，填写分配地址池和 DNS 服务器信息，如图 9-43 所示。

图 9-43　填写分配地址池和 DNS 服务器信息（2）

④ 单击"已创建"按钮，外部网络创建完成，网络列表如图 9-44 所示。

	项目	网络名称	已连接的子网	DHCP Agents	共享的	外部	状态	管理状态	动作
☐	admin	inside50	inside50_subnet 50.0.0.0/24	1	No	No	运行中	UP	编辑网络 ▾
☐	admin	inside10	inside10_subnet 10.0.0.0/24	1	No	No	运行中	UP	编辑网络 ▾
☐	admin	inside20	inside20_subnet 20.0.0.0/24	1	No	No	运行中	UP	编辑网络 ▾
☐	admin	inside60	inside60_subnet 60.0.0.0/24	1	No	No	运行中	UP	编辑网络 ▾
☐	admin	outside	outside_subnet 192.168.1.0/24	1	Yes	Yes	运行中	UP	编辑网络 ▾

图 9-44　网络列表（3）

6. 配置路由器

① 选择页面左侧导航栏中的"项目>网络>路由"选项，单击右上方的"新建路由"按钮，设置路由器的相关信息，如图 9-45 所示，单击"新建路由"按钮。

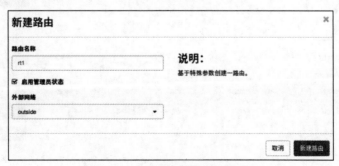

图 9-45　设置路由器的相关信息

② 创建成功后，路由器列表如图 9-46 所示。

图 9-46　路由器列表

③ 单击"rt1"名称，进入路由器概况页面，选择"接口"选项卡，路由器接口列表如图 9-47 所示。

图 9-47　路由器接口列表（1）

④ 单击右上方的"增加接口"按钮，"子网"字段选择先前创建的子网 inside10_subnet，如图 9-48 所示，单击"提交"按钮。路由器接口列表如图 9-49 所示。

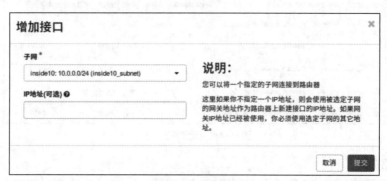

图 9-48　增加接口

图 9-49　路由器接口列表（2）

⑤ 以同样的方法分别把子网 inside20_subnet、inside50_subnet 和 inside60_subnet 都连接到路由器 rt1 上，路由器接口列表如图 9-50 所示。

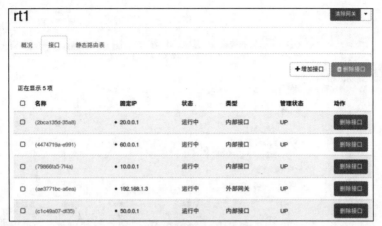

图 9-50　路由器接口列表（3）

7. 创建虚拟机

① 选择页面左侧导航栏中的"项目>计算>实例"选项，进入实例管理页面，如图 9-51 所示，单击右上方的"创建实例"按钮。

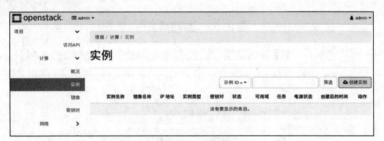

图 9-51　实例管理页面（1）

② 填写实例名称，这里为 vHost1，如图 9-52 所示。

图 9-52　填写实例名称

③ 单击"下一步"按钮，设置"选择源"为"镜像"，选择镜像文件，这里选择"Ubuntu16.04_cmd"镜像，如图 9-53 所示。

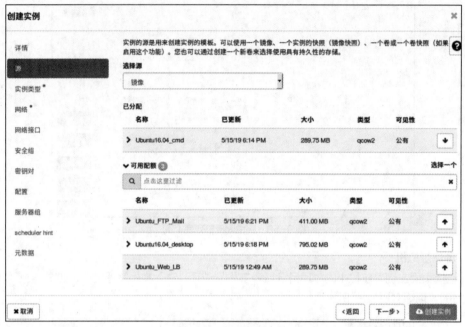

图 9-53　选择镜像文件

④ 单击"下一步"按钮，选择实例类型，这里选择"small"类型，如图 9-54 所示。

图 9-54　选择实例类型

⑤ 单击"下一步"按钮，选择实例的内部网络，这里选择"inside10"网络，如图 9-55 所示。

⑥ 安全组使用 default，单击"创建实例"按钮。

⑦ 实例创建成功，实例列表如图 9-56 所示。

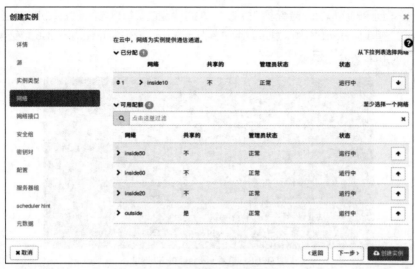

图 9-55　选择实例的内部网络

图 9-56　实例列表（1）

⑧ 用同样的方法创建 vHost2、vServerWeb1、vServerWeb2、vServerLB 和 vServerFTP_Mail 实例，创建时需根据实际需求配置镜像、实例类型和网络，全部创建完成后，实例列表如图 9-57 所示。

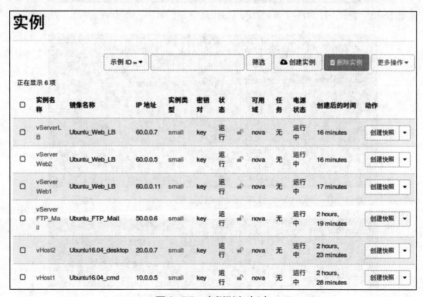

图 9-57　实例列表（2）

⑨ 分别登录创建的虚拟机，检查虚拟机的 IP 地址，测试虚拟机与其他虚拟机的连通性及与外部网络的连通性。这里以 vHost1 为例（登录时用户名为 openlab、密码为 user@openlab），结果如图 9-58、图 9-59、图 9-60 和图 9-61 所示。

```
openlab@openlab:~$ ifconfig
ens3      Link encap:Ethernet  HWaddr fa:16:3e:9d:b1:80
          inet addr:10.0.0.5  Bcast:10.0.0.255  Mask:255.255.255.0
          inet6 addr: fe80::f816:3eff:fe9d:b180/64 Scope:Link
          UP BROADCAST RUNNING MULTICAST  MTU:1450  Metric:1
          RX packets:398 errors:0 dropped:0 overruns:0 frame:0
          TX packets:5632 errors:0 dropped:0 overruns:0 carrier:0
          collisions:0 txqueuelen:1000
          RX bytes:19831 (19.8 KB)  TX bytes:445796 (445.7 KB)

lo        Link encap:Local Loopback
          inet addr:127.0.0.1  Mask:255.0.0.0
          inet6 addr: ::1/128 Scope:Host
          UP LOOPBACK RUNNING  MTU:65536  Metric:1
          RX packets:336 errors:0 dropped:0 overruns:0 frame:0
          TX packets:336 errors:0 dropped:0 overruns:0 carrier:0
          collisions:0 txqueuelen:1
          RX bytes:25136 (25.1 KB)  TX bytes:25136 (25.1 KB)
```

图 9-58 查看 vHost1 的 IP 地址

```
openlab@openlab:~$ ping -c 2 20.0.0.7
PING 20.0.0.7 (20.0.0.7) 56(84) bytes of data.
64 bytes from 20.0.0.7: icmp_seq=1 ttl=63 time=2.54 ms
64 bytes from 20.0.0.7: icmp_seq=2 ttl=63 time=1.60 ms

--- 20.0.0.7 ping statistics ---
2 packets transmitted, 2 received, 0% packet loss, time 1002ms
rtt min/avg/max/mdev = 1.603/2.072/2.542/0.471 ms
openlab@openlab:~$ ping -c 2 50.0.0.6
PING 50.0.0.6 (50.0.0.6) 56(84) bytes of data.
64 bytes from 50.0.0.6: icmp_seq=1 ttl=63 time=2.04 ms
64 bytes from 50.0.0.6: icmp_seq=2 ttl=63 time=1.68 ms

--- 50.0.0.6 ping statistics ---
2 packets transmitted, 2 received, 0% packet loss, time 1002ms
rtt min/avg/max/mdev = 1.683/1.864/2.046/0.186 ms
openlab@openlab:~$ ping -c 2 60.0.0.5
PING 60.0.0.5 (60.0.0.5) 56(84) bytes of data.
64 bytes from 60.0.0.5: icmp_seq=1 ttl=63 time=7.83 ms
64 bytes from 60.0.0.5: icmp_seq=2 ttl=63 time=1.80 ms

--- 60.0.0.5 ping statistics ---
2 packets transmitted, 2 received, 0% packet loss, time 1003ms
rtt min/avg/max/mdev = 1.802/4.820/7.833/3.019 ms
```

图 9-59 测试 vHost1 与 vHost2、vServerFTP_Mail、vServerWeb2 的连通性

```
openlab@openlab:~$ ping -c 2 60.0.0.7
PING 60.0.0.7 (60.0.0.7) 56(84) bytes of data.
64 bytes from 60.0.0.7: icmp_seq=1 ttl=63 time=5.19 ms
64 bytes from 60.0.0.7: icmp_seq=2 ttl=63 time=1.65 ms

--- 60.0.0.7 ping statistics ---
2 packets transmitted, 2 received, 0% packet loss, time 1003ms
rtt min/avg/max/mdev = 1.659/3.429/5.199/1.770 ms
openlab@openlab:~$ ping -c 2 60.0.0.11
PING 60.0.0.11 (60.0.0.11) 56(84) bytes of data.
64 bytes from 60.0.0.11: icmp_seq=1 ttl=63 time=9.45 ms
64 bytes from 60.0.0.11: icmp_seq=2 ttl=63 time=1.34 ms

--- 60.0.0.11 ping statistics ---
2 packets transmitted, 2 received, 0% packet loss, time 1001ms
rtt min/avg/max/mdev = 1.343/5.398/9.453/4.055 ms
```

图 9-60 测试 vHost1 与 vServerLB 和 vServerWeb1 的连通性

```
openlab@openlab:~$ ping -c 2 www.baidu.com
PING www.a.shifen.com (115.239.210.27) 56(84) bytes of data.
64 bytes from 115.239.210.27: icmp_seq=1 ttl=48 time=15.6 ms
64 bytes from 115.239.210.27: icmp_seq=2 ttl=48 time=15.4 ms

--- www.a.shifen.com ping statistics ---
2 packets transmitted, 2 received, 0% packet loss, time 1001ms
rtt min/avg/max/mdev = 15.487/15.565/15.643/0.078 ms
```

图 9-61 测试 vHost1 与外部网络的连通性

⑩ 选择页面左侧导航栏中的"项目>网络>网络拓扑"选项，查看创建的整个网络拓扑，如图 9-62 所示。

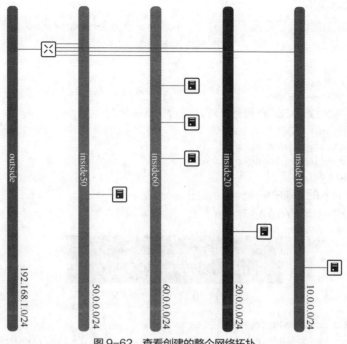

图 9-62　查看创建的整个网络拓扑

9.5.4　部署 Web 服务和负载均衡服务

1. 部署 Web 服务

① 登录 vServerWeb1 服务器（用户名为 openlab、密码为 user@openlab），执行如下命令切换用户和目录并安装 apache2 服务，如图 9-63 所示。

```
$ sudo su
# cd
# apt-get install apache2
```

```
openlab@openlab:~$ sudo su
root@openlab:/home/openlab# cd
root@openlab:~# apt-get install apache2
Reading package lists... Done
Building dependency tree
Reading state information... Done
apache2 is already the newest version (2.4.18-2ubuntu3.10).
0 upgraded, 0 newly installed, 0 to remove and 0 not upgraded.
root@openlab:~#
```

图 9-63　切换用户和目录并安装 apache2 服务

② 执行如下命令编辑 index.html 文件。

```
# cd /var/www/html
# echo > index.html
```

清除 index.html 文件原有的内容，输入如下内容。

```
<h1>
This is Web Server 1
</h1>
```

编辑完成后，执行命令 wq 保存文件并退出。

201

③ 执行命令 **systemctl restart apache2** 重启 Web 服务。

④ 以同样的方法登录 vServerWeb2，修改 index.html 文件的内容为 This is Web Server 2。

2. 部署负载均衡服务

登录 vServerLB 负载均衡服务器（用户名为 openlab、密码为 user@openlab），配置负载均衡服务。

① 执行如下命令安装 nginx 服务，用作负载均衡服务。

```
$ sudo su
# cd
# apt-get install nginx
```

② 执行如下命令配置负载均衡服务文件，即 nginx.conf 文件。

```
# cd /etc/nginx
# mv nginx.conf nginx.conf.bak
# mv nginx.conf.example nginx.conf
# vim nginx.conf
```

在配置文件的 http 配置项中将 server 字段分别配置为 vServerWeb1 和 vServerWeb2 这两台虚拟机的 IP 地址，本实验中分别为 60.0.0.5 和 60.0.0.11，如图 9-64 所示。

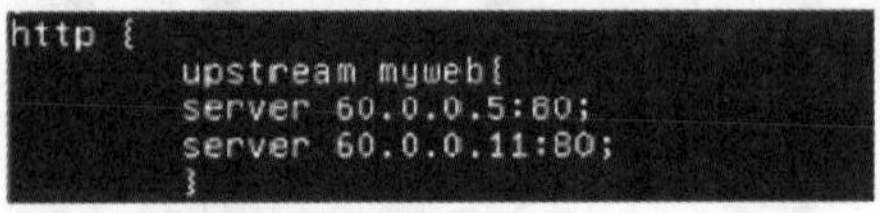

图 9-64　配置 nginx.conf 文件

③ 执行命令 **systemctl restart nginx** 重启 nginx 服务。

④ 登录 vHost2，打开命令行窗口，执行命令 **curl http://60.0.0.7** 验证负载均衡服务，如图 9-65 所示。

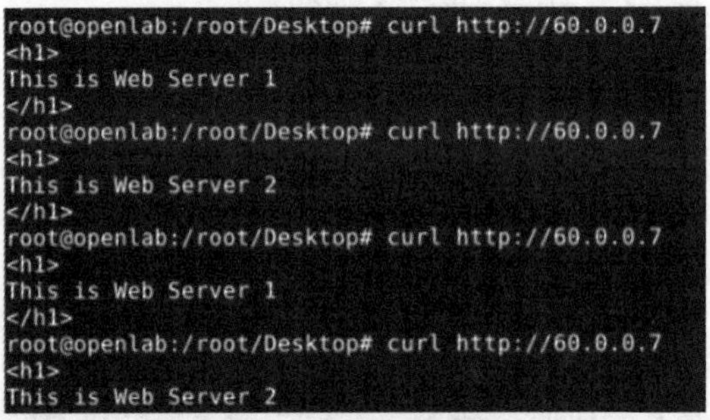

图 9-65　验证负载均衡服务

> **说明**　　如果控制台无响应，则可单击页面下面的灰色状态栏，或者单击虚拟机上面的"点击此处只显示控制台"链接。

9.5.5　部署 FTP 服务

1. 安装并部署 FTP 服务

① 登录 vServerFTP_Mail 虚拟机（用户名为 openlab、密码为 user@openlab），执行如下命令切换用户和目录并安装 FTP 服务，如图 9-66 所示。

```
$ sudo su
# cd
# apt-get install vsftpd
```

```
openlab@openlab:~$ sudo su
root@openlab:/home/openlab# cd
root@openlab:~# apt-get install vsftpd
Reading package lists... Done
Building dependency tree
Reading state information... Done
vsftpd is already the newest version (3.0.3-3ubuntu2).
0 upgraded, 0 newly installed, 0 to remove and 0 not upgraded.
```

图 9-66 切换用户和目录并安装 FTP 服务

② 执行命令 **vim /etc/ftpusers** 修改配置文件 ftpusers 的内容，将文件中的 root 注释掉，如图 9-67 所示，执行命令 **wq** 保存修改并退出文件。

```
# /etc/ftpusers: list of users disallowed FTP access. See ftpusers(5).

#root
daemon
bin
sys
sync
games
man
lp
mail
news
uucp
nobody
```

图 9-67 修改配置文件 ftpusers 的内容

此配置表示允许使用 root 用户通过 FTP 服务器登录主机。

③ 执行命令 **vim /etc/vsftpd.conf** 修改文件内容。

去除 **write_enable=YES** 前面的注释，允许写数据，如图 9-68 所示。

```
# Uncomment this to enable any form of FTP write command.
write_enable=YES
```

图 9-68 允许写数据

增加 root 用户的根目录 **local_root=/srv/ftp**，如图 9-69 所示。

```
local_root=/srv/ftp
```

图 9-69 增加 root 用户的根目录

④ 执行命令 **service vsftpd restart** 重启 vsftpd 服务。

⑤ 执行命令 **ll /srv/**查看 srv 下的目录，如图 9-70 所示。

```
root@openlab:~# ll /srv/
total 12
drwxr-xr-x  3 root root 4096 Mar 27 02:22 ./
drwxr-xr-x 23 root root 4096 Dec  6  2018 ../
drwxr-xr-x  2 root ftp  4096 Mar 27 02:22 ftp/
```

图 9-70 查看 srv 下的目录

用户也可自定义 FTP 目录，为了方便，本实验直接使用该目录。

⑥ 执行如下命令创建文件，如图 9-71 所示。

```
# cd /srv/ftp
# touch downloadfile.txt
# ll
```

```
root@openlab:~# cd /srv/ftp/
root@openlab:/srv/ftp# touch downloadfile.txt
root@openlab:/srv/ftp# ll
total 8
drwxr-xr-x 2 root ftp  4096 Mar 27 02:28 ./
drwxr-xr-x 3 root root 4096 Mar 27 02:22 ../
-rw-r--r-- 1 root root    0 Mar 27 02:28 downloadfile.txt
```

图 9-71 创建文件

2. 上传文件到 FTP 服务器

① 在虚拟机 vHost1 上，准备要上传到 FTP 服务器的文件，如执行命令 **touch uploadfile.txt** 创建一个名为 uploadfile.txt 的文件。

② 执行命令 **ftp 50.0.0.6**，按照提示输入用户名和密码（默认使用 root 和 root@openlab），登录 FTP 服务器，如图 9-72 所示。

```
openlab@openlab:~$ ftp 50.0.0.6
Connected to 50.0.0.6.
220 (vsFTPd 3.0.3)
Name (50.0.0.6:openlab): root
331 Please specify the password.
Password:
230 Login successful.
Remote system type is UNIX.
Using binary mode to transfer files.
ftp>
```

图 9-72　登录 FTP 服务器

③ 执行命令 **help** 查看 FTP 服务器可用的操作命令，如图 9-73 所示。

```
ftp> help
Commands may be abbreviated.  Commands are:

!               dir             mdelete         qc              site
$               disconnect      mdir            sendport        size
account         exit            mget            put             status
append          form            mkdir           pwd             struct
ascii           get             mls             quit            system
bell            glob            mode            quote           sunique
binary          hash            modtime         recv            tenex
bye             help            mput            reget           tick
case            idle            newer           rstatus         trace
cd              image           nmap            rhelp           type
cdup            ipany           nlist           rename          user
chmod           ipv4            ntrans          reset           umask
close           ipv6            open            restart         verbose
cr              lcd             prompt          rmdir           ?
delete          ls              passive         runique
debug           macdef          proxy           send
```

图 9-73　查看 FTP 服务器可用的操作命令

④ 执行命令 **passive on** 设置 FTP 服务器为 PASSIVE 模式，即被动传输模式，如图 9-74 所示。

```
ftp> passive on
Passive mode on.
```

图 9-74　设置 FTP 服务器为 PASSIVE 模式

⑤ 执行命令 **ls** 查看目前已有的文件和目录，如图 9-75 所示。

```
ftp> ls
227 Entering Passive Mode (50,0,0,6,238,167).
150 Here comes the directory listing.
-rw-r--r--    1 0        0               0 May 17 01:45 downloadfile.txt
226 Directory send OK.
```

图 9-75　查看目前已有的文件和目录（1）

⑥ 执行命令 **put /home/openlab/uploadfile.txt uploadfile.txt**，上传文件并设置上传后的文件名称，如图 9-76 所示。

```
ftp> put /home/openlab/uploadfile.txt uploadfile.txt
local: /home/openlab/uploadfile.txt remote: uploadfile.txt
227 Entering Passive Mode (50,0,0,6,87,200).
150 Ok to send data.
226 Transfer complete.
```

图 9-76　上传文件并设置上传后的文件名称

⑦ 执行命令 **ls** 查看目前已有的文件和目录，如图 9-77 所示。

图 9-77　查看目前已有的文件和目录（2）

⑧ 执行命令 **exit** 退出 FTP 服务器。

⑨ 登录虚拟机 vServerFTP_Mail，执行命令 **ll** 查看文件是否上传成功，如图 9-78 所示。

图 9-78　查看文件是否上传成功

由此可见，虚拟机 vHost1 可以正常上传文件到 FTP 服务器。

3. 下载 FTP 服务器上的文件

① 登录虚拟机 vHost1，打开命令行窗口，执行命令 **ftp 50.0.0.6**，按照提示输入用户名、密码，登录 FTP 服务器。

② 执行命令 **passive on** 设置 FTP 服务器为 PASSIVE 模式，即被动传输模式。

③ 执行命令 **ls** 进入 ftp 目录，如图 9-79 所示，找到要下载的文件。

图 9-79　进入 ftp 目录

④ 执行命令 **get downloadfile.txt /home/openlab/downloadfile.txt** 下载文件到本机的/home/openlab 目录，下载的文件为 downloadfile.txt，如图 9-80 所示。

图 9-80　下载文件到本机的/home/openlab 目录

⑤ 执行命令 **exit** 退出 FTP 服务器。

⑥ 在/home/openlab 下执行命令 **ll**，验证文件是否下载成功，如图 9-81 所示。

图 9-81　验证文件是否下载成功

205

由此可见，虚拟机 vHost1 可以正常下载 FTP 服务器上的文件。

9.5.6　安全组规则设置

1. 只有外部用户主机可以访问企业提供的 Web 服务

（1）添加安全组规则

① 选择页面左侧导航栏中的"项目>网络>安全组"选项，进入安全组管理页面，单击"创建安全组"按钮，在创建安全组页面中设置安全组的名称为 OnlyUserToWeb，如图 9-82 所示，单击"创建安全组"按钮。

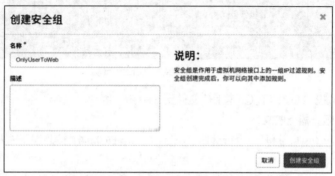

图 9-82　设置安全组的名称（1）

② 单击 OnlyUserToWeb 安全组的"管理规则"按钮，添加规则，允许源 IP 地址为 70.0.0.3/32 的流量进入，如图 9-83 所示。

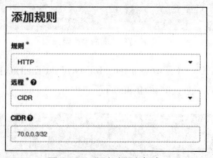

图 9-83　添加规则（1）

③ 添加规则，允许源网段为 60.0.0.0/24 的流量进入，如图 9-84 所示。

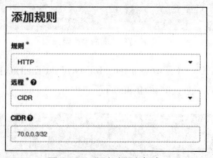

图 9-84　添加规则（2）

④ 进入实例管理页面，单击 vServerWeb1 右侧的下拉按钮，在下拉列表中选择"编辑安全组"选项，再单击"+"按钮，将 OnlyUserToWeb 安全组应用到实例安全组中，并从实例安全组中删除 default 安全组，如图 9-85 所示，单击"保存"按钮。

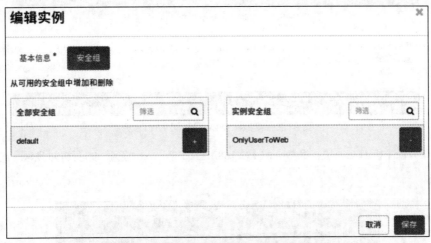

图 9-85　编辑 vServerWeb1 实例的安全组（1）

使用同样的方法为实例 vServerWeb2 和 vServerLB 应用 OnlyUserToWeb 安全组。

⑤ 单击 vServerLB 右侧的下拉按钮，选择"绑定浮动 IP"选项，在管理浮动 IP 的关联页面中单击"+"按钮，在分配浮动 IP 页面中单击"分配 IP"按钮，如图 9-86 所示。

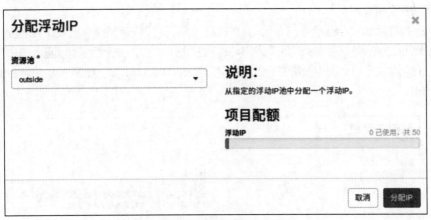

图 9-86　分配浮动 IP 页面（1）

⑥ IP 分配成功后会返回管理浮动 IP 的关联页面，单击"关联"按钮，返回实例管理页面，可以看到 vServerLB 虚拟机分配到的浮动 IP 地址为 192.168.1.111，如图 9-87 所示。

图 9-87　实例管理页面（2）

（2）验证安全组规则

① 登录虚拟机 vHost1，执行命令 **curl 60.0.0.7** 访问 Web 服务，如图 9-88 所示，结果显示无法访问。

```
openlab@openlab:~$ curl 60.0.0.7
curl: (7) Failed to connect to 60.0.0.7 port 80: Connection timed out
```

图 9-88　虚拟机 vHost1 访问 Web 服务

② 登录虚拟机 vHost2，执行命令 **curl 60.0.0.7** 访问 Web 服务，如图 9-89 所示，结果显示无法访问。

```
root@openlab:/# curl 60.0.0.7
curl: (7) Failed to connect to 60.0.0.7 port 80: Connection timed out
```

图 9-89　虚拟机 vHost2 访问 Web 服务

③ 登录外部主机 User，执行命令 **curl 192.168.1.111** 访问 Web 服务，如图 9-90 所示，结果显示可以访问。

```
root@openlab:/# curl 192.168.1.111
<h1>
This is Web Server 1
</h1>
root@openlab:/# curl 192.168.1.111
<h1>
This is Web Server 2
</h1>
```

图 9-90　外部主机 User 访问 Web 服务

2. 只有部门 A 能使用企业内部的 FTP 服务

（1）添加安全组规则

执行如下操作添加安全组规则，使得只有虚拟机 vHost1 可以访问企业内部的 FTP 服务。

① 选择页面左侧导航栏中的“项目>网络>安全组”选项，进入安全组管理页面，单击“创建安全组”按钮，在创建安全组页面中设置安全组的名称为 OnlyvHost1ToFTP，如图 9-91 所示，单击“创建安全组”按钮。

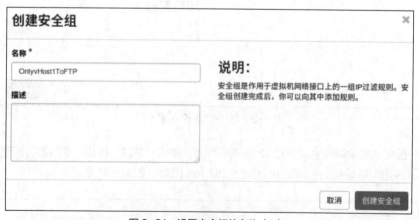

图 9-91　设置安全组的名称（2）

② 单击 OnlyvHost1ToFTP 安全组的“管理规则”按钮，添加规则，允许源网段为 10.0.0.0/24 的流量进入 TCP 所有端口，如图 9-92 所示。

图 9-92　添加规则（3）

③ 进入实例管理页面，单击 vServerFTP_Mail 右侧的下拉按钮，选择下拉列表中的"编辑安全组"选项，单击"+"按钮，将 OnlyvHost1ToFTP 安全组应用到实例安全组中，并从实例安全组中删除 default 安全组，如图 9-93 所示，单击"保存"按钮。

图 9-93　编辑 vServerFTP_Mail 实例的安全组

（2）验证安全组规则

① 登录虚拟机 vHost1，执行命令 **ftp 50.0.0.6** 访问 vServerFTP_Mail，如图 9-94 所示，结果显示可以访问。

```
openlab@openlab:~$ ftp 50.0.0.6
Connected to 50.0.0.6.
220 (vsFTPd 3.0.3)
Name (50.0.0.6:openlab): root
331 Please specify the password.
Password:
230 Login successful.
Remote system type is UNIX.
Using binary mode to transfer files.
ftp> passive
```

图 9-94　虚拟机 vHost1 访问 vServerFTP_Mail

② 登录虚拟机 vHost2，执行命令 **ftp 50.0.0.6** 访问 vServerFTP_Mail，如图 9-95 所示，结果显示无法访问。

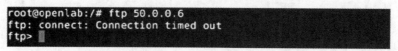

图 9-95　虚拟机 vHost2 访问 vServerFTP_Mail

③ 单击 vServerFTP_Mail 右侧的下拉按钮，选择"绑定浮动 IP"选项，在管理浮动 IP 的关联页面中，单击"+"按钮，如图 9-96 所示。

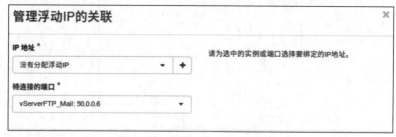

图 9-96　管理浮动 IP 的关联页面

④ 在分配浮动 IP 页面中，单击"分配 IP"按钮，如图 9-97 所示。

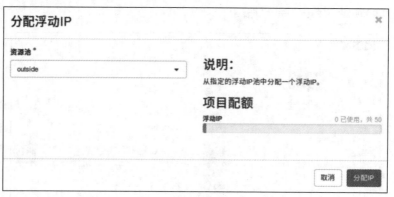

图 9-97　分配浮动 IP 页面（2）

⑤ IP 分配成功后会返回管理浮动 IP 的关联页面，单击"关联"按钮，可以看到浮动 IP 地址 192.168.1.108 被分配给 vServerFTP_Mail 虚拟机，如图 9-98 所示。

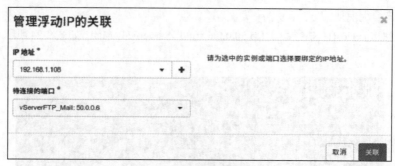

图 9-98　实例管理页面（3）

⑥ 登录外部主机 User，执行命令 **ftp 192.168.1.108** 访问 vServerFTP_Mail，如图 9-99 所示，结果显示无法访问。

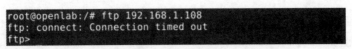

图 9-99　外部主机 User 访问 vServerFTP_Mail

3．只有部门 B 能以 SSH 方式登录 Web 服务器和负载均衡服务器

（1）添加安全组规则

① 选择页面左侧导航栏中的"项目>网络>安全组"选项，进入安全组管理页面，单击"创建安全组"按钮，在创建安全组页面中设置安全组的名称为 OnlyvHost2ToWebLB，如图 9-100 所示，单击"创建安全组"按钮。

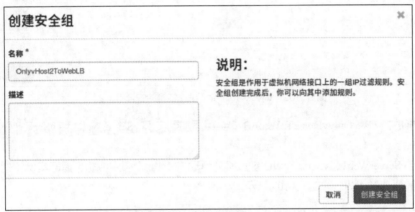

图 9-100　设置安全组的名称（3）

② 单击 OnlyvHost2ToWebLB 安全组的"管理规则"按钮，添加规则，允许源网段为 20.0.0.0/24 的流量进入 SSH 端口，如图 9-101 所示。

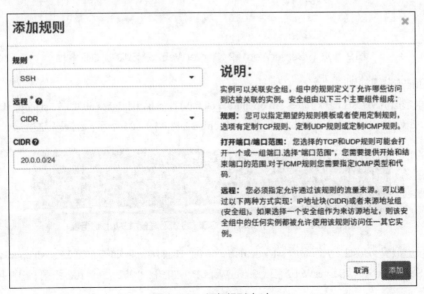

图 9-101　添加规则（4）

③ 进入实例管理页面，单击 vServerWeb1 右侧的下拉按钮，选择下拉列表中的"编辑安全组"选项，单击"+"按钮，将 OnlyvHost2ToWebLB 安全组添加到实例安全组中，如图 9-102 所示，单击"保存"按钮。

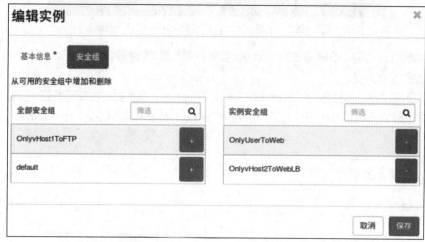

图 9-102　编辑 vServerWeb1 实例的安全组（2）

使用同样的方法将 OnlyvHost2ToWebLB 安全组添加到实例 vServerWeb2 和 vServerLB 的实例安全组中。

④ 绑定 vServerWeb1、vServerWeb2 虚拟机的浮动 IP 地址，绑定成功后返回实例管理页面，可以看到分配到的浮动 IP 地址，如图 9-103 所示。

图 9-103　vServerWeb1 和 vServerWeb2 分配到的浮动 IP 地址

（2）验证安全组规则

① 登录虚拟机 vHost1，执行命令 **ssh openlab@60.0.0.11**、**ssh openlab@60.0.0.5**、**ssh openlab@60.0.0.7** 远程登录 vServerWeb1、vServerWeb2 和 vServerWebLB，如图 9-104 所示，结果无法登录。

```
openlab@openlab:~$ ssh openlab@60.0.0.11
^C
openlab@openlab:~$ ssh openlab@60.0.0.5
^C
openlab@openlab:~$ ssh openlab@60.0.0.7
```

图 9-104　虚拟机 vHost1 以 SSH 方式无法登录 Web 服务器

② 登录虚拟机 vHost2，执行命令 **ssh openlab@60.0.0.11**、**ssh openlab@60.0.0.5**、**ssh openlab@60.0.0.7** 远程登录 vServerWeb1、vServerWeb2 和 vServerWebLB，如图 9-105、图 9-106 和图 9-107 所示，结果可以登录。

```
root@openlab:/# ssh openlab@60.0.0.11
openlab@60.0.0.11's password:
Welcome to Ubuntu 16.04.5 LTS (GNU/Linux 4.4.0-140-generic x86_64)

 * Documentation:  https://help.ubuntu.com
 * Management:     https://landscape.canonical.com
 * Support:        https://ubuntu.com/advantage

  Get cloud support with Ubuntu Advantage Cloud Guest:
    http://www.ubuntu.com/business/services/cloud

103 packages can be updated.
61 updates are security updates.


Last login: Thu May 16 06:38:45 2019
```

图 9-105 虚拟机 vHost2 以 SSH 方式登录 vServerWeb1

```
root@openlab:/# ssh openlab@60.0.0.5
openlab@60.0.0.5's password:
Welcome to Ubuntu 16.04.5 LTS (GNU/Linux 4.4.0-140-generic x86_64)

 * Documentation:  https://help.ubuntu.com
 * Management:     https://landscape.canonical.com
 * Support:        https://ubuntu.com/advantage

  Get cloud support with Ubuntu Advantage Cloud Guest:
    http://www.ubuntu.com/business/services/cloud

103 packages can be updated.
61 updates are security updates.


Last login: Thu May 16 07:58:27 2019
```

图 9-106 虚拟机 vHost2 以 SSH 方式登录 vServerWeb2

```
root@openlab:/# ssh openlab@60.0.0.7
openlab@60.0.0.7's password:
Welcome to Ubuntu 16.04.5 LTS (GNU/Linux 4.4.0-140-generic x86_64)

 * Documentation:  https://help.ubuntu.com
 * Management:     https://landscape.canonical.com
 * Support:        https://ubuntu.com/advantage

  Get cloud support with Ubuntu Advantage Cloud Guest:
    http://www.ubuntu.com/business/services/cloud

103 packages can be updated.
61 updates are security updates.

New release '18.04.2 LTS' available.
Run 'do-release-upgrade' to upgrade to it.


Last login: Mon May 20 08:45:46 2019 from 20.0.0.7
```

图 9-107 虚拟机 vHost2 以 SSH 方式登录 vServerWebLB

③ 登录外部主机 User，执行命令 **ssh openlab@192.168.1.103**、**ssh openlab@192.168.1.106**、**ssh openlab@192.168.1.111** 远程登录 vServerWeb1、vServerWeb2 和 vServerWebLB，如图 9-108 所示，结果显示无法登录。

```
root@openlab:/# ssh openlab@192.168.1.103
^C
root@openlab:/# ssh openlab@192.168.1.106
^C
root@openlab:/# ssh openlab@192.168.1.111
^C
```

图 9-108 外部主机 User 以 SSH 方式无法登录 Web 服务器

9.6 小结

本模块详细讲解了企业云服务部署的各个环节。首先，对 Web 服务、负载均衡服务和 FTP 服务的定义与运行机制进行了深入阐释。随后，通过 OpenStack 云计算平台，根据实际业务需求，逐步指导读者如何创建虚拟机、构建云网络，并成功部署相关云服务。最后，相关部署完成后，通过安全组规则的配置，OpenStack 云计算平台实现了对数据访问与用户权限的管理，从而有效保障了数据的安全性与访问控制。通过本模块的学习，读者可以掌握云服务的部署策略，还可以熟练运用 OpenStack 云计算平台构建满足企业多样化需求的云端应用。